Die Kessel- und Maschinenbaumaterialien

nach Erfahrungen aus der Abnahmepraxis kurz dargestellt für Werkstätten- und Betriebsingenieure und für Konstrukteure

Von

Otto Hönigsberg

Zivilingenieur
Inspektor der k. k. priv. Südbahn-Gesellschaft in Wien
gerichtl. beeid. Sachverständiger und Schätzmeister für Maschinenmaterialien

Mit 13 Textfiguren

Springer-Verlag Berlin Heidelberg GmbH
1914

ISBN 978-3-642-89878-5 ISBN 978-3-642-91735-6 (eBook)
DOI 10.1007/978-3-642-91735-6
Softcover reprint of the hardcover 1st edition 1914

Vorwort.

Die Kenntnis der Konstruktionsmaterialien ist in den Kreisen, welche bei der Verarbeitung oder im Betriebe mit ihnen zu tun haben, noch immer nicht hinreichend verbreitet. Die Einsicht dafür, welche Bedeutung dieser Kenntnis für die richtige Auswahl, Ausnützung, Verarbeitungsweise und auch für die Behandlung im Betriebe zukommt, von welch weittragenden Folgen diese Kenntnis sowohl für die Sicherheit als auch für die Wirtschaftlichkeit sein kann, ist unter Werkstätten- und Betriebstechnikern wohl durchaus vorhanden, und es herrscht auch in diesen Kreisen ein gesundes Interesse an Materialfragen überhaupt. Trotzdem pflegen Vorkehrungen für die Kontrolle der bezogenen Materialien nur in ganz großen Betrieben vorhanden zu sein, und es finden sich infolge der Schwierigkeiten einer richtigen Information noch immer vielfach unzutreffende und gegenüber dem gegenwärtigen Stande der Erzeugung veraltete Anschauungen.

Dabei fängt die Entwicklung des Materialprüfungsfaches und noch mehr die Literatur über diesen Gegenstand an, einen unheimlichen Umfang anzunehmen, so daß selbst dem bestunterrichteten und erfahrensten Fachmann die Übersicht und Sichtung bereits außerordentlich schwer wird und die Gefahr besteht, daß die tiefere Sachkenntnis sich immer mehr auf wenige Spezialfachleute beschränkt; dies ist um so mehr zu bedauern, als gerade die Ergebnisse der neueren Materialforschung bei richtiger Übersetzung in die Praxis eine wirksamere Materialkontrolle mit ganz einfachen Hilfsmitteln ermöglichen.

Es besteht demnach gewiß das Bedürfnis nach einer knappen Darstellung, welche das für den Werkstätten- und Betriebsmann Wissenswerteste über die gegenwärtig tatsächlich verwendeten Konstruktionsmaterialien, über ihre Eigenschaften und deren

Zusammenhang mit dem Verhalten bei der Verarbeitung und im Betriebe sowie auch über den Zusammenhang dieser Eigenschaften mit dem Vorgang bei der Erzeugung enthält. Eine solche Darstellung wird auch Konstrukteuren und jüngeren mit Abnahme von Materialien betrauten Ingenieuren erwünscht sein.

Hierbei ist insbesondere der Einfluß der Erzeugungsweise von größerer Bedeutung, als dies allgemein zugestanden zu werden pflegt. Die Fehler, welche sich in den Materialien und in fertig bezogenen Stücken zeigen können, stehen in viel zu engem Zusammenhang mit der Erzeugung, als daß eine sachgemäße Beurteilung dieser Fehler ohne eine gewisse, wenn auch nicht ins Einzelne gehende, Kenntnis des Erzeugungsvorganges möglich wäre.

Die nachfolgende Darstellung beschränkt sich auf Metalle als die praktisch fast allein in Betracht kommenden Konstruktionsmaterialien für Kessel- und Maschinenbau. Der Besprechung der einzelnen Metalle und ihrer Verwendungsformen ist eine bei dem Schwanken der Begriffe unerläßliche kurze Darstellung der allgemeinen Eigenschaften der Metalle vorausgeschickt, welche größtenteils auch für die anderen Materialien gilt. Der Vollständigkeit halber läßt sich nicht vermeiden, daß hierbei im Zusammenhange auch manche allgemeiner bekannte Dinge zur Sprache kommen.

Ein Eingehen auf Einzelheiten der Materialprüfung ist unterlassen, da die Ausführung derartiger Prüfungen in vollständigem Umfang doch eine nähere Beschäftigung mit der Sache erfordert, als sie innerhalb des hier gesteckten Rahmens möglich ist. Ganz besonders gilt dies von der Metallmikroskopie, bei der bereits die Erläuterung der Grundlagen eine eingehendere Beschäftigung mit dem Gegenstand voraussetzt.

Selbstverständlich kann eine schriftliche Darstellung bei einem Gegenstand von so eminent praktischer Natur das angestrebte Ziel nicht vollkommen erreichen. Hierzu wäre auch Demonstration der in Betracht kommenden und durch Abbildung größtenteils gar nicht wiedergebbaren Erscheinungen am wirklichen Objekt erforderlich, ebenso ein Durchsprechen konkreter Vorkommnisse an bestimmten Materialien im Einzelfall, wodurch eigentlich erst die dem speziellen Materialfachmann geläufigen Tatsachen und Zusammenhänge auch für die Materialgebarung in Werkstätte und Betrieb nutzbar gemacht werden könnten.

Bei Abfassung der vorliegenden Darstellung konnte sich der Verfasser auf Erfahrungen aus seiner Abnahmepraxis, auf Beobachtungen in Hüttenwerken, in Werkstätten und im Betriebe stützen. Die Arbeit ist aus einer Information über die im Eisenbahnmaschinenwesen verwendeten Materialien entstanden, welche der Verfasser im Jahre 1911 auf Veranlassung des damaligen Maschinendirektors der Südbahn, Herrn k. k. Oberbaurat Ingenieur E. Prossy, für den Werkstätten- und Zugförderungsdienst der Südbahn ausgearbeitet hat. Es ist dem Verfasser eine angenehme Pflicht, Herrn Oberbaurat Prossy ebenso wie dem gegenwärtigen Maschinendirektor der Südbahn, Herrn Ingenieur Dr. Schlöß für vielfache Förderung seiner Arbeit den wärmsten Dank abzustatten.

Soweit noch Ergänzungen erforderlich waren, sind sie mit sorgfältiger Auswahl solchen Schriften entnommen, deren Verfasser offenkundig aus eigenen Erfahrungen schöpfen. Soweit Ergebnisse wissenschaftlicher Arbeiten herangezogen sind, sind sie den ursprünglichen Veröffentlichungen der betreffenden Forscher entnommen.

Die in diesem Sinne benützte Literatur findet sich am Schlusse angeführt.

Wien, im Juni 1914.

O. Hönigsberg.

Inhaltsverzeichnis.

I. Allgemeine Eigenschaften.

Festigkeit. Bei Metallen wird die Festigkeit meist durch die Zerreißprobe bestimmt und aus der Zugfestigkeit auch auf die Widerstandsfähigkeit gegen andere Beanspruchungsarten (Druck, Abscheren, Biegung, Verdrehen) geschlossen. Als Zugfestigkeit wird die zum Zerreißen eines Probestabes erforderliche Belastung in kg, dividiert durch den ursprünglichen Querschnitt entweder im qmm oder in qcm des Probestabes bezeichnet.

Für Laboratoriumsversuche erhalten zylindrische Probestäbe Köpfe, dagegen Flachstäbe, die zwischen Backen eingespannt werden, Verbreiterungen an den Enden. Bei hartem Material ist das auch deshalb erforderlich, um ein Reißen an der Einspannungsstelle zu vermeiden. Bei zahlreich durchzuführenden Abnahmeproben begnügt man sich oft mit Stäben von durchaus gleichem Querschnitt, die dann durchwegs an den Enden zwischen Backen eingeklemmt werden.

Elastizitätsgrenze. Die meisten Metalle sind bis zur Erreichung einer gewissen spezifischen Beanspruchung (Belastung dividiert durch den ursprünglichen Querschnitt), welche als Elastizitätsgrenze des betreffenden Metalls bezeichnet wird, vollkommen elastisch. Sobald die Elastizitätsgrenze erreicht ist, gehen die Formänderungen (Dehnung usw.) nach der Entlastung nicht mehr vollständig zurück.

Die Elastizitätsgrenze kann nur mit sehr genauen Instrumenten (Spiegelapparaten) bestimmt werden und kommt deshalb für praktische Zwecke meist nicht in Betracht. Dasselbe gilt von der Proportionalitätsgrenze, d. i. derjenigen spezifischen Beanspruchung, bis zu welcher die Dehnungen den äußeren Kräften proportional sind, und welche bei wissenschaftlichen Untersuchungen neuerdings meist statt der weniger scharf bestimmbaren Elastizitätsgrenze ermittelt wird.

Streckgrenze. Für praktische Zwecke wird mit wenigen Ausnahmen weder die Elastizitäts- noch die Proportionalitätsgrenze, dagegen häufig die Streckgrenze (auch Fließgrenze oder bei Druck Quetschgrenze genannt) bestimmt, welche etwas höher liegt, und bei welcher eine deutliche Änderung des Materialzustandes stattfindet, welche im Französischen charakteristisch mit dem Ausdruck „démarrage" („Anfahren", d. i. Überwindung des Widerstandes gegen Verschiebung) bezeichnet worden ist.

Die Streckgrenze äußert sich bei der Zerreißprobe dadurch, daß der Probestab anfängt, sich stark bleibend zu dehnen (zu „strecken" oder zu „fließen"), ohne daß die Belastung gesteigert wird. Die Belastung, bei welcher dies eintritt, dividiert durch den ursprünglichen Querschnitt des Probestabes, wird als Streckgrenze bezeichnet. Bei Zerreißmaschinen mit Laufgewicht fällt plötzlich die Schneide des Waghebels — bei Maschinen mit Manometeranzeige der Manometerzeiger — oder bleibt stehen (als Zeichen, daß der Stab bei der aufgebrachten Belastung dauernd nachgibt), wodurch die Streckgrenze ziemlich genau bestimmt werden kann.

Eine scharf ausgesprochene Streckgrenze in diesem Sinne läßt sich allerdings nur bei manchen Materialien, wie insbesondere Eisen und weicherem Stahl, beobachten, bei Gußeisen, Kupfer, Bronze, Messing und härteren Stahlsorten kommt sie nicht scharf zum Ausdruck. In diesen Fällen pflegt als Streckgrenze diejenige Spannung angesehen zu werden, bei der die Dehnung 0,2 % beträgt.

Die Streckgrenze wird sehr häufig mit der Elastizitätsgrenze verwechselt. In vielen Fällen, in welchen sich der Ausdruck Elastizitätsgrenze angewendet findet, ist damit die Streckgrenze gemeint.

Ein deutliches Kennzeichen für die Erreichung der Streckgrenze ist bei roh geschmiedeten oder gewalzten Stücken das Abfallen des Zunders (Hammerschlags), der die Dehnung der Stücke nicht mehr mitmachen kann. Bei blank bearbeiteten Stücken zeigen sich oft an der Oberfläche Liniennetze, die sogenannten Fließfiguren, oder regelmäßig verteilte flache Gruben, mitunter bloß als Mattwerden der Oberfläche ersichtlich.

Stücke, die solche Fließfiguren zeigen, sind sicher überbeansprucht worden.

Gleichartige Erscheinungen sind an Bauträgern, Schienen, Rohren usw. die Rostfiguren, die immer an den beim Geraderichten eingedrückten Stellen auftreten, und die man auf jedem Bauplatz sehen kann, ferner die Korrosionsfurchen in Kesseln, die immer zuerst an den Auflagerungsstellen und an solchen Stellen auftreten, welche durch Wärmeausdehnung oder dergl. Druck oder Biegung erfahren. Diese Furchen treten infolge der gleichzeitigen Wirkung von Korrosion und mechanischer Beanspruchung schon bei Spannungen auf, die noch unterhalb der Streckgrenze liegen[1]).

Neuerdings sieht man vielfach die Streckgrenze (und nicht die Bruchfestigkeit oder Bruchgrenze) als die eigentliche Grenze für die Beanspruchungsfähigkeit des Materials an, von welcher demnach eigentlich die zulässigen Spannungen abzuleiten wären.

Zähigkeit. Gutes weiches Eisen oder Kupfer streckt sich (fließt) sehr stark vor dem Bruch. Wenn ein Stück aus solchem Metall im Betriebe überlastet, d. i. über seine Streckgrenze beansprucht wird, wird es sich sehr stark deformieren, ohne daß es deshalb zum Bruche zu kommen braucht. Dies hat den großen Vorteil, daß sich eine ungleichmäßige Verteilung der Spannungen oder eine Überlastung einzelner Stellen ohne Bruch selbsttätig ausgleicht, indem durch Nachgeben dieser überbeanspruchten Stellen andere zum Mittragen der Beanspruchung herangezogen werden. Man pflegt diese Eigenschaft als Zähigkeit zu bezeichnen.

Dehnung. Einen Anhaltspunkt für das Maß der Zähigkeit kann man bei der Zerreißprobe bekommen, wenn man die Dehnung nach dem Bruche mißt. Zu diesem Zwecke werden auf den Probestäben eingerissene Marken oder Körner angebracht. Das Verhältnis der Längenänderung, d. i. des Unterschiedes der Markenentfernung vor dem Versuch und nach dem Bruch zur ursprüng-

---

[1]) Alle diese merkwürdigen und lehrreichen Erscheinungen sind häufiger zu finden, als zu erwarten wäre. Verfasser hat auf ihre vielfache Anwendbarkeit seinerzeit in 2 Aufsätzen („Messung der zwischen Rad und Schiene auftretenden Kräfte durch Fließbilder“, Organ für die Fortschritte des Eisenbahnwesens 1904; „Über unmittelbare Beobachtung der Spannungsverteilung an beanspruchten Körpern“, Zeitschrift des Österreichischen Ingenieur- und Architektenvereines 1904) hingewiesen.

lichen Länge (der Markenentfernung vor dem Versuch) in Prozent ausgedrückt, heißt Dehnung.

In Deutschland und meist auch in Österreich wird die Meßlänge mit 11,3 mal Wurzel aus der Querschnittsfläche gewählt, d. i. bei ca. 314 qmm Querschnitt 200 mm Meßlänge, bei Rundstäben Meßlänge gleich dem zehnfachen Durchmesser. In Österreich findet sich noch teilweise die Vorschrift: Meßlänge gleich Wurzel aus dem achtzigfachen Querschnitt, d. i. bei ca. 314 qmm Querschnitt 160 mm Meßlänge, bei Rundstäben Meßlänge gleich dem achtfachen Durchmesser. Man pflegt die so ermittelten Meßlängen von 10 zu 10 mm abzustufen.

Im folgenden beziehen sich die angegebenen Dehnungswerte, soweit die Meßlänge bekannt war und nicht eine gegenteilige Angabe gemacht ist auf die normale Meßlänge von $11,3\sqrt{F}$.

Kontraktion. Einen noch besseren Anhaltspunkt zur Beurteilung der Zähigkeit bietet die Querschnittsverminderung (Kontraktion), d. i. die Einschnürung, welche ein Zerreißprobestab aus zähem Material beim Bruche erfährt. Der Bruchquerschnitt wird gemessen, und die Differenz zwischen diesem und dem ursprünglichen Querschnitt bestimmt. Das Verhältnis der Differenz zum ursprünglichen Querschnitt in Prozent heißt Kontraktion.

Über die Bedeutung der Kontraktion in manchen Fällen vgl. die Bemerkungen auf S. 37 (Innere Beschaffenheit der fertigen Stücke).

Einfluß der Meßlänge auf die Dehnungsziffer. Ein Zerreißprobestab dehnt sich in der Nähe der Einschnürung an der Bruchstelle viel stärker als in der übrigen Länge. Würde man die Dehnung nur auf die Länge der Einschnürungsstelle beziehen, so bekäme man eine viel größere Dehnungsziffer. Je größer im Verhältnis zum Querschnitt die Meßlänge (Markenentfernung) ist, desto kleiner fällt die Dehnungsziffer aus.

Es ist deshalb wichtig, daß die Markenentfernung immer in ein und demselben Verhältnis zum Querschnitt steht, und zwar ist der Unterschied der bei verschiedener Meßlänge erhaltenen Dehnungen um so größer, je mehr Kontraktion das betreffende Material hat; er ist sehr groß bei Kupfer und weichem Flußeisen, gering bei hartem Stahl. Bei Materialien mit großer Kontraktion kann die Dehnung mit einer Meßlänge nach der oben an zweiter Stelle genannten Vorschrift um 2—3 % — und selbst noch mehr —

größer ausfallen als nach der erstgenannten Vorschrift. Wenn indessen immer das gleiche Verhältnis eingehalten wird (am besten macht man die ganzen Probestäbe proportional), sind die erhaltenen Werte sehr gut untereinander vergleichbar und man kann — wenn bei Mangel an Material oder bei Probenahme vom Gebrauchsstück selbst größere Probestäbe nicht verfügbar sind — beliebig kleine Probestäbe verwenden.

Festigkeit und Zähigkeit. Im allgemeinen wird die Zähigkeit und Formänderungsfähigkeit eines Materials um so geringer, je größer seine Festigkeit ist. Stahl von sehr großer Festigkeit ist häufig spröd und bricht unter Stößen leichter als Eisen oder Stahl von geringerer Festigkeit; man hat deshalb zu Material von größerer Festigkeit nur dann Vertrauen, wenn bei dieser Festigkeit seine Dehnung und Kontraktion nicht zu niedrig ist. Aus diesem Grunde werden auch für wichtige Zwecke immer häufiger Spezialstahle, wie Nickel- oder Chromstahl, oder durch geeignete Wärmebehandlung (Härten und Anlassen) vergütete (veredelte) Stähle verwendet, die auch bei größerer Festigkeit noch hinreichende Zähigkeit und Formänderungsfähigkeit haben. Allerdings kommt auch bei Flußeisen geringer Festigkeit mitunter Sprödigkeit vor, insbesondere in verletztem Zustand (vgl. S. 8 und 10), besonders dann, wenn es nicht homogen ist (vgl. S. 37 und 38) und bei gewissen gefährlichen Temperaturen (Blauwärme, vgl. S. 47).

Um sich auch bei größerer Festigkeit noch ausreichende Zähigkeit zu sichern, schreibt man mitunter außer den Minimalwerten für Festigkeit, Dehnung und Kontraktion noch sogenannte Güteziffern vor, d. h. es muß auch die Summe aus Festigkeit und Kontraktion (oder: Summe aus Festigkeit und Dehnung oder: Summe aus Festigkeit und doppelter Dehnung oder: Produkt von Festigkeit und Dehnung) einen gewissen Minimalwert überschreiten.

Von diesen Güteziffern hat die letztgenannte (Produkt von Festigkeit und Dehnung), welche von Tetmajer vorgeschlagen wurde und nach ihm benannt ist, auch eine gewisse theoretische Begründung, da sie zugleich ein Maß für die Arbeitsfähigkeit des Materials gibt. Trotzdem darf man auch diese Güteziffern nicht überschätzen, da sie nur für statische Beanspruchung gelten.

Härte. Die Härte geht ziemlich mit der Festigkeit parallel, jedoch immer nur für Material gleicher Gattung. Flußeisen oder

Flußstahl sind um so härter, je größer ihre Zerreißfestigkeit ist, und man pflegt deshalb auch Stahl von geringer Festigkeit als weichen Stahl, Stahl von größerer Festigkeit als harten Stahl zu bezeichnen, Flußeisen von der geringsten Festigkeit (unter 40 kg) als weiches Eisen. Gußeisen hat dagegen bei geringer Festigkeit eine viel größere Härte als Flußeisen und selbst als mittelharter Stahl. Die Härte kann durch die Brinellsche Kugeldruckprobe bestimmt werden. Es wird eine harte Stahlkugel (gewöhnlich 10 mm Durchmesser) mit eigenen Apparaten, mit einer Presse oder Festigkeitsmaschine in das zu untersuchende Material eingedrückt; je härter das Material, desto kleiner der Eindruck. Der Quotient der Belastung (gewöhnlich 3000 kg, bei weichen Metallen auch 1000 kg und darunter) durch die Eindruckfläche heißt Härtezahl.

Da die Eindruckfläche (und auch die Eindrucktiefe) der Belastung nicht proportional ist, kann man eigentlich nur Härtezahlen, die mit gleicher Belastung und mit Material von nicht zu verschiedener Härte erhalten wurden, miteinander vergleichen. Auf dieser Erwägung beruht die Ludwiksche Kegeldruckprobe (mit einem Kegel von 90° Spitzenwinkel), bei welcher die Eindruckfläche immer proportional zur Belastung wächst, und dadurch die Abhängigkeit der Härtezahl von der Größe der Belastung und auch von der Größe des Eindruckes vermieden wird. Die Kegeldruckprobe gibt mit der Kugeldruckprobe im großen und ganzen parallellaufende Ergebnisse.

Neuerdings sind verschiedene Verfahren angegeben worden und in Anwendung gekommen, bei welchen die Rückprallhöhe einer Kugel oder eines Fallgewichtes, dessen Unterfläche mit einem kleinen abgerundeten Diamanten auf das zu untersuchende Stück auffällt (Shores Skleroskop, insbesondere zur Kontrolle von Werkzeugstahl und gehärteten Stücken, welche keine meßbaren bleibenden Kugeleindrücke mehr ergeben), gemessen wird; doch ist zu beachten, daß diese Verfahren grundsätzlich anders und daher ihre Ergebnisse nicht ohne weiteres mit der Kugel- oder Kegeldruckprobe vergleichbar sind.

Alle derartigen Verfahren haben den großen Vorteil, daß man ein Stück, ohne es zu zerstören, also unter Umständen jedes einzelne Stück, prüfen kann, und zwar an verschiedenen Stellen, so daß die Gleichmäßigkeit, die Wirkung eines Wärmebehandlungsverfahrens und dergleichen kontrolliert werden kann (zu beachten ist nur, daß die Oberflächenschichte bei geschmiedeten Stücken durch Entkohlung infolge der Erhitzung unter Luftzutritt, vgl. S. 48, weicher zu sein pflegt). Wenn für bestimmte Materialien das Verhältnis zwischen Härtezahl und Zugfestigkeit einmal bestimmt ist, kann man aus der Härtezahl mit annähernder Genauigkeit auch auf die Zugfestigkeit schließen. Dies ist ungemein wertvoll, weitergehende Aufschlüsse gibt die Härteprobe in ihrer gegenwärtigen Ausbildung aber nicht.

Ein härteres Material hält sich im allgemeinen besser gegen Abnutzung als ein weicheres; man kann aber durchaus nicht von vornherein aus der Härte sicher auf die Widerstandsfähigkeit gegen Abnutzung (z. B. bei Schienen, Radreifen, Zapfen) schließen. Neuerdings ist eine Reihe von Versuchen in Gang, um zu einer brauchbaren Abnutzungsprobe für Metalle zu kommen. Inzwischen könnte die von Keßner (vgl. S. 23) als Maßstab der Bearbeitungsfähigkeit verwendete „Bohrhärte" als solcher Maßstab dienen.

Biegeprobe. Die Biegeprobe wird bei zähen Materialien, wie Schweißeisen, Flußeisen und Kupfer, meist ohne Messung der Belastung als Probe auf die Zähigkeit und Formänderungsfähigkeit gemacht. Die Kaltbiegeprobe wird gewöhnlich um einen Dorn von derselben Stärke wie der Probestab oder auch ohne Dorn vorgenommen. Je weiter sich ein Material zusammenbiegen läßt, desto besser ist es. Mit Ausnahme von härteren Stahlgattungen oder von gehärtetem Stahl sowie von gewöhnlichen Gußmaterialien werden die meisten Metalle, wenn die Stücke nicht allzu dick

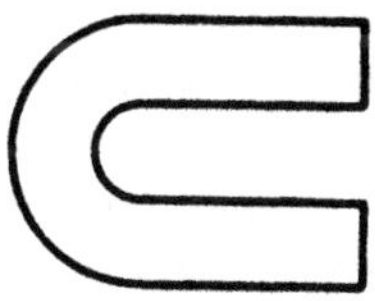

Fig. 1.

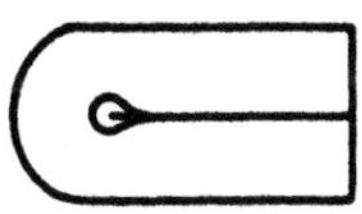

Fig. 2.

sind, ein Zusammenbiegen bis zur Parallelstellung (Fig. 1) oder Berührung der Schenkel vertragen. Bei Warmbiegeproben pflegt die Zusammenbiegung bis zur Berührung in rotwarmem Zustand verlangt zu werden (Fig. 2). Die Härtungsbiegeprobe, die nur bei Flußeisen (insbesondere Kesselblechen, Brückenmaterial) vorgeschrieben wird, besteht in einer Kaltbiegeprobe nach Erwärmung auf Dunkelrotglut (nach strengerer Vorschrift auf Hellrotglut) mit darauffolgendem Abschrecken im Wasser.

Bei Gußeisen, welches nur eine geringe Durchbiegung bis zum Bruch verträgt, pflegt dagegen neben einer minimalen Durchbiegung auch eine minimale Belastung, welche der Probestab ohne Bruch aushalten muß, vorgeschrieben zu werden (vgl. S. 21).

Biegung in verletztem Zustande. Viele Materialien sind in verletztem Zustand gegen Biegung sehr empfindlich und brechen sehr leicht, wenn sie scharfe einspringende Ecken oder Schraubengewinde eingeschnitten haben. Bei Material in Stangenform kann man die Biegeprobe an Stücken, die in der Mitte mit Gewinde versehen sind, machen, wobei empfindliches Material durch Aufreißen der Gewinde kenntlich wird. Man kann solche Proben als Abnahmeproben bei Flußeisen für Stehbolzen und Kesselanker und bei Stangenkupfer für Stehbolzen vorschreiben, wobei der Dorn, um den gebogen wird, den doppelten oder auch nur den einfachen Durchmesser der Stange hat, und das Gewinde normales Whitworth-Gewinde ist (Fig. 3). Eine weitere derartige Probe ist die Kerbschlagprobe (vgl. S. 10).

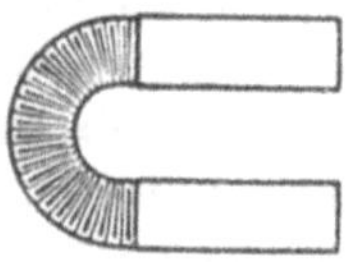

Fig. 3.

Widerstandsfähigkeit gegen wechselnde und wiederholte Belastung. Bei Materialien, welche abwechselnd belastet und wieder entlastet werden, nimmt man in Übereinstimmung mit den Ergebnissen der berühmten Wöhlerschen Versuche an, daß sie nur eine halb so große Belastung aushalten können („Ursprungsfestigkeit“), als wenn sie dauernd gleich stark belastet bleiben („Tragfestigkeit“); wenn sie abwechselnd gezogen und gedrückt oder in entgegengesetzten Richtungen hin- und hergebogen oder verdreht werden („Schwingungsfestigkeit“), nur den dritten Teil der Belastung, die sie bei dauernder gleich starker und gleichgerichteter Beanspruchung tragen können („Tragfestigkeit“). Neuerdings hat Föppl-München hierfür niedrigere Verhältnisse gefunden, und zwar für verschiedene Materialien verschieden.

Zu dieser Frage sind jetzt nach fast 40 jähriger Pause wieder zahlreiche Versuche in Gang, deren Ergebnisse abgewartet werden müssen, bevor man an den alten Wöhlerschen Ziffern, die auch Bach seinen gesamten Arbeiten auf dem Gebiet der Maschinenelemente zugrunde gelegt hat, rührt.

Widerstandsfähigkeit gegen Stoß. Für die Widerstandsfähigkeit gegen Stoß gibt die Zerreißprobe keinen hinreichenden Anhaltspunkt, weil durch eine hohe Dehnung und Kontraktion noch nicht ausgesprochen ist, daß ein Material auch plötzlich so große Formänderungen ausführen kann, wie sie zur Vermeidung eines Bruches erforderlich wären. Deshalb werden mit Eisenbahnmaterial (Schienen, Radreifen, Radscheiben und Achsen) außer Zerreißproben auch Schlagproben gemacht, indem man ein Gewicht (z. B. 1000 kg) so oft aus einer bestimmten Höhe (z. B. 3 m) fallen läßt, bis eine gewisse Anzahl von Schlägen oder eine gewisse Durchbiegung, bei der noch kein Bruch oder Anbruch auftreten darf, erreicht ist.

Bei Stoßwirkung wird die schwächste Stelle in einem Stück nicht nur durch die größere auf sie entfallende Beanspruchung, sondern noch mehr dadurch gefährdet, daß sich auf sie die ganze Formänderung, welche durch den Stoß hervorgerufen wird, konzentriert, bevor noch die anderen Teile an der Formänderung teilnehmen können. Daraus geht hervor, daß Stücke, die an allen Stellen gleiche Beanspruchung erfahren, d. i. die „Form gleicher Festigkeit" besitzen, gegen Stoß am widerstandsfähigsten sind, weil sich bei ihnen die Formänderung auf das ganze Stück gleichmäßig verteilt und alle Teile des Stückes zur Aufnahme der Formänderung herangezogen werden. Würde man ein solches Stück durchaus verstärken und nur an einer Stelle die früheren Dimensionen lassen, so hätte eine solche „Verstärkung" nicht eine größere, sondern eine geringere Stoßfestigkeit zur Folge.

Besonders gefährlich sind plötzliche Querschnittsänderungen mit einspringenden Ecken oder scharfen Ansätzen; solche Querschnittsübergänge sollen deshalb immer so reichliche Hohlkehlen als möglich erhalten. Am allergefährlichsten sind Einschnitte und Kerben, und es kann selbst eine ganz geringfügige Verletzung der Oberfläche, wie z. B. ein Drehriß, als Kerbe wirken und den Bruch begünstigen, wenn sie an einer bereits an sich hoch beanspruchten Stelle vorkommt. So hat Bach, der auf diese Verhältnisse seit Jahren hingewiesen hat, die Wahrnehmung gemacht, daß bei Behältern für flüssige Kohlensäure („Kohlensäureflaschen") die amtliche Stempelung, an ungeeigneter Stelle angebracht, den Ausgangspunkt von Rissen bzw. einer Explosion bildete. Auch bei den Eisenbahnen achtet man darauf, die Stempelung der Achsen an wenig beanspruchten Stellen, am besten an der Stirnfläche anzubringen (vgl. hierzu auch S. 13).

Ein schon vorhandener Riß wirkt selbst wieder als Kerbe, und zwar als außerordentlich scharfe Kerbe, und befördert dadurch das Weiterreißen. Hierauf beruht das übliche Verfahren des „Abbohrens" von Rissen, welches darin besteht, daß am Ende des Risses ein Loch gebohrt und so die scharfe Kerbe durch eine bedeutend mäßigere ersetzt wird.

Manche Flußeisen- und Flußstahlsorten, die man durch die gewöhnlichen Abnahmeproben nicht von anderen unterscheiden kann, sind in dieser Hinsicht besonders empfindlich.

Kerbschlagprobe. Die besprochene Neigung mancher Materialien zu Anbrüchen, die bei Stoß viel stärker zum Ausdruck kommt als bei ruhender Belastung, läßt sich durch die neue Kerbschlagprobe erkennen.

Für vollkommene Ausführung dieser Probe werden Stücke nach Fig. 4[1]) durch einen einzigen Schlagdurchgebrochen. Man

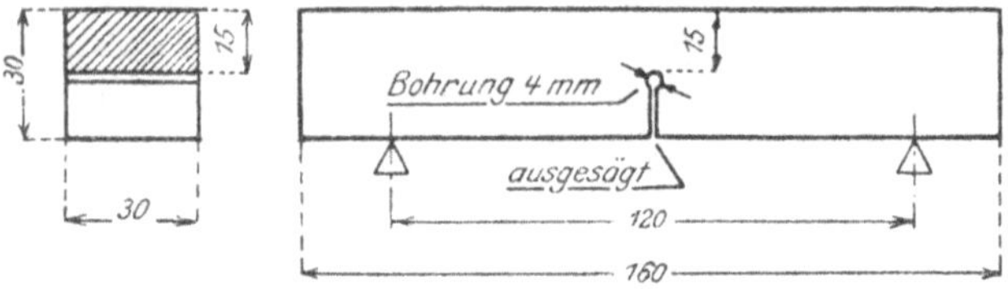

Fig. 4.

verwendet hierzu eigene Schlagwerke, mit denen man den auf den Bruchvorgang verbrauchten Teil der Schlagarbeit dadurch ermittelt, daß man die nach dem Bruch im Fallgewicht noch vorhandene Energie ebenfalls mißt; die Differenz der vor und nach dem Bruch im Fallgewicht vorhandene Energie ist die Brucharbeit. Bei den hierzu verwendeten Pendelschlagwerken wird beispielsweise das Pendel mit dem Schlaggewicht nach Durch-

[1]) Normalstab des Deutschen Verbandes für die Materialprüfungen der Technik, vom Internationalen Verband für die Materialfrüfungen der Technik ebenfalls als Normalstab angenommen; die Ausführung der Kerbe mit Bohrung rührt von Charpy her. Außerdem sind kleinere Stäbe vorgesehen, welche noch nicht endgiltig normalisiert sind.

brechen eines Probestabes aus zähem Material den größeren Teil seiner Energie ausgegeben haben und nur wenig mehr nach der anderen Seite ausschwingen. Nach Durchbrechen eines Probestabes aus sprödem Material, das wenig Schlagarbeit erfordert, wird es dagegen noch den größten Teil seiner Energie besitzen und fast bis in die Höhe seiner Ausgangsstellung ausschwingen. Je größer die Arbeit ist, die auf den Quadratzentimeter des Querschnittes in der Kerbe entfällt, desto zäher und desto weniger zum Bruche neigend ist das Material. Diese Probe kann aber bei Abnahmen im allgemeinen noch nicht angewendet werden, da für die Werte, die man verlangen kann, noch keine hinreichenden Erfahrungen vorliegen; doch werden beispielsweise Scheiben für Dampfturbinen schon seit Jahren nach einer besonderen Art der Kerbschlagprobe übernommen.

Am einfachsten kann man die Probe machen und nötigenfalls jede einzelne Stange, welche für besonders wichtige Bestandteile bestimmt ist, untersuchen, wenn man z. B. von Rund-, Quadrat- oder Flacheisen ein Stück bis zur Mitte einsägt, auf 2 Stützen legt und unter dem Dampfhammer oder durch Schläge eines schweren Vorschlaghammers durchbricht (Fig. 5). Da der

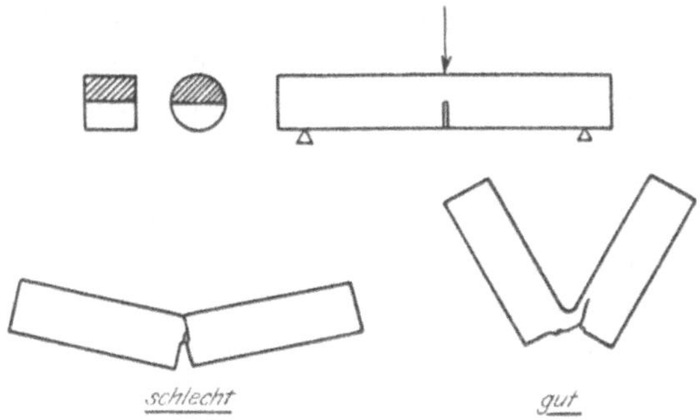

Fig. 5.

viel schwächere gekerbte Querschnitt fast den ganzen Stoß allein aufnehmen muß, wird dabei sprödes Material schon bei geringem Biegewinkel und ziemlich senkrecht durchbrechen. Zähes Material läßt sich oft bis über 90° biegen. Natürlich darf man aber dabei von hartem Material nicht dasselbe verlangen wie von weichem, von Stahl (mit Ausnahme der Spezialstähle und vergüteten Stähle) nicht dasselbe wie von weichem Eisen (vgl. hierzu auch S. 41, Nachweis von Seigerungen).

Einfluß der Vorbehandlung. Die Eigenschaften der Metalle sind sehr wesentlich davon abhängig, wie sie vorher behandelt worden sind, sei es durch mechanische Bearbeitung oder durch Wärme. Durch Schmieden oder Walzen werden Metalle sehr verbessert, das Gefüge wird feiner, die Streckgrenze (in manchen Fällen auch die Festigkeit) wird zufolge einer merkwürdigen, für die Technik ungemein wichtigen Materialeigenschaft dadurch, daß sie überschritten wird, für künftige Beanspruchung erhöht, und das Material kann weit größere Spannungen ohne bleibende Formänderung aushalten. Diese Wirkung ist umso intensiver, bei je niedrigerer Temperatur sie erfolgt (vergleiche aber „Gefährliche Temperaturen“ bei Flußeisen, S. 71). Am intensivsten ist die Wirkung bei Bearbeitung in kaltem Zustande, woraus sich z. B. die wesentlich erhöhten Festigkeitseigenschaften der Uchatius-Geschütze erklären, die auf mehrere Millimeter weniger als Fertigmaß gebohrt und auf den richtigen Durchmesser aufgedornt werden.

Ein besonderer Fall ist die Wirkung des Ziehvorganges, wobei nicht nur die Streckgrenze, sondern auch die Festigkeit sehr stark erhöht wird; hierbei kann die Wirkung aber leicht zuweit gehen, das Metall kann durch zuweit getriebenes Kaltziehen schon während des Arbeitsvorganges so spröde werden, daß es beim weiteren Ziehen reißt, und es ist deshalb notwendig, Drähte und Rohre zwischen den einzelnen Zügen wieder auszuglühen, um diese Wirkung zu beseitigen. Am gefährlichsten ist dieser Zustand bei ungleichmäßiger Verteilung des Spannungszustandes, wobei ähnliche Wirkungen auftreten können wie durch innere Spannungen infolge ungleichmäßiger Abkühlung.

Dieser Spannungszustand kann, solange sich noch keine Risse gebildet haben, was oft erst nach einiger Zeit eintritt, durch Ausglühen wieder vollständig behoben werden (vergleiche später bei Flußeisen, Kupfer und Messing S. 62, 75 und 84), und man kann dadurch ein Metall wieder in seinen Urzustand zurückversetzen.

Ebenso wie durch mechanische Bearbeitung kann auch durch geeignete Wärmebehandlung eine starke Änderung der ursprünglichen Materialeigenschaften erreicht, beispielsweise Stahl sehr wesentlich verbessert („vergütet“, „veredelt“) werden.

Als Maßstab für die Vorbehandlung oder besser gesagt den „Bearbeitungszustand“ eines Metalls hat Martens das Verhältnis Streckgrenze zu Festigkeit vorgeschlagen, welches umso höher ist, je intensiver und bei je niedrigeren Temperaturen das Material bearbeitet oder (über die Streckgrenze) beansprucht worden ist. Dieses Verhältnis, welches auch durch Wärmebehandlung erhöht werden kann, ist beispielsweise bei weichem Flußeisen im Urzustand in der Regel 2/3 oder etwas darunter, während härteres Material mitunter sehr verschiedene Werte dieses Verhältnisses aufweist. Wenn es zu hoch wird kann es, wie früher erwähnt, bereits Sprödigkeit zur Folge haben.

Am deutlichsten zeigt sich der starke Einfluß der Vorbehandlung durch das Wiedererscheinen von eingeschlagenen Bezeichnungen. Wenn man z. B. auf einem für die Zerreißprobe bestimmten Stück Flußeisen oder Kupferblech Buchstaben einschlägt und sie durch Abhobeln wieder entfernt, so treten diese verschwundenen Buchstaben bei der Zerreißprobe wieder auf, und zwar erhaben. Durch das Einstanzen sind auch die darunterliegenden Partien überbeansprucht, bzw. ihre Streck- und Elastizitätsgrenze erhöht worden, und sie bleiben infolgedessen auch dann noch elastisch, wenn die anderen Partien sich beim Zerreißen bereits bleibend der Länge nach strecken und der Quere nach zusammenziehen. Die unter den eingeschlagenen Buchstaben gelegenen Partien machen somit die bleibende Querzusammenziehung der übrigen Partien nicht mit und treten nach der Entlastung wieder erhaben hervor. Ebenso können auch Schraubstockeindrücke nachträglich wieder zum Vorschein kommen.

Daraus geht hervor, daß jedes Metall (mit Ausnahme der ganz plastischen) durch einen Hieb, durch Einschlagen von Bezeichnungen, durch Aufschlagen auf eine Ecke, durch Einspannen im Schraubstock ohne Kupferbeilagen, an der betreffenden Stelle dauernd verändert wird, gewissermaßen eine Verletzung erleidet, die anders als durch Ausglühen nicht mehr behoben werden kann, und daß man deshalb alle wichtigeren Stücke in dieser Hinsicht sehr vorsichtig behandeln muß.

II. Eisenguß (Grauguß).

Roheisen. Das Ausgangsprodukt aller weiteren Eisensorten, das Roheisen, wird aus dem Erz durch Einschmelzen mit Koks und den für die Schlackenbildung erforderlichen Zuschlägen im Hochofen erzeugt und nimmt dabei einen Kohlenstoffgehalt von etwa 2 bis 4,5, meist 3 bis 3 %, sowie bei den meisten Koksgattungen leider auch Schwefel auf.

Man unterscheidet graues Roheisen mit hohem Siliziumgehalt, in welchem sich der Kohlenstoff blättchenförmig als Graphit abgeschieden hat, und weißes Roheisen, in welchem der Kohlenstoff an das Eisen gebunden ist, dazwischen halbiertes Roheisen und bei diesem wieder das schwach halbierte, mehr graue, und das stark halbierte, mehr weiße.

Das Roheisen kommt in flachen, häufig gekerbten Blöcken, den sogenannten Masseln, die meist in Sand, mitunter in Eisenformen gegossen sind, in den Handel.

Das einmal so berühmte Holzkohlenroheisen, das durch Einschmelzen mit Holzkohle erzeugt wird und sich infolgedessen durch weit größere Reinheit auszeichnet, wird nur noch an wenigen Orten und in verhältnismäßig geringen Mengen erzeugt.

Gießereiroheisen. Für Gießereizwecke wird, außer für spezielle Zwecke, graues Roheisen verwendet. Außer dem gewöhnlichen Gießereiroheisen, welches je nach Herkunft verschiedene Reinheit aufweist, unterscheidet man noch das reinere Hämatitroheisen, welches seinen Namen vom Hämatit-Erz (Roteisenstein) hat, aus welchem es ursprünglich erzeugt wurde.

Jede Marke wird wieder nach dem Siliziumgehalt und der damit zusammenhängenden Graphitausscheidung bzw. Farbe und Korngröße nach Nummern unterschieden. Da diese Eigenschaften auch mit der Raschheit der Abkühlung schwanken, gewinnt neuerdings immer mehr die Unterscheidung nach der chemischen Analyse an Bedeutung. Für besondere Zwecke werden noch zahlreiche Spezialroheisensorten, sowie auch noch immer Holzkohlenroheisen verwendet.

Gußeisen. Das aus dem Hochofen kommende Koksroheisen ist in der Regel zum unmittelbaren Vergießen nicht geeignet, da es nicht immer den richtigen Silizium- und Kohlenstoffgehalt besitzt, auch je nach den verschiedenen Abstichen zu ungleichmäßig ist. Mit wenigen Ausnahmen — hauptsächlich Röhrengießereien — wird daher aller Eisenguß aus umgeschmolzenem Roheisen, das dann erst Gußeisen genannt wird, erzeugt, wobei durch geeignete Zusammenstellung des Ofeneinsatzes, durch die sogenannte Gattierung, alle erforderlichen Gußsorten erzeugt werden können. Das Einschmelzen erfolgt vorwiegend im Kupolofen mit Koks und Kalksteinzuschlag, wobei eine teilweise Verbrennung des Silizium- und Mangangehaltes stattfindet.

Gattierung. In den meisten Gattierungen pflegt, teils aus Ersparnisrücksichten, teils zur richtigen Einstellung des Siliziumgehaltes, ein Teil aus Gußschrott, d. i. alten zerschlagenen Gußstücken, Eingüssen, Gußabfällen usw., die nach Qualität getrennt verwendet werden sollen (für dichte zähe Güsse auch „Stahlschrott", das sind Schienen- oder andere Stahlstücke), zu bestehen. Neuerdings werden aus gesammelten Gußeisenspänen sogenannte Gußbriketts gepreßt, aus Stahlspänen sogenannte Stahlbriketts, deren Verwendung man besondere Vorteile, so auch die Ersparung des Zusatzes teurer Spezialroheisensorten, zuschreibt.

Je höher der Siliziumgehalt und je langsamer die Abkühlung, desto mehr Kohlenstoff wird in Graphitform ausgeschieden, desto weicher, grobkörniger und leichter zu bearbeiten ist der Guß. Stücke mit großen Wandstärken, d. i. langsamer Abkühlung, erfordern deshalb geringeren Siliziumgehalt, um nicht zu grobes Korn und zu große Graphitblättchen zu ergeben. Stücke mit schwachen Wandstärken, d. i. rascher Abkühlung, erfordern höheren Siliziumgehalt, um nicht den ganzen Kohlenstoff an das Eisen gebunden zu erhalten und infolge der damit verbundenen Härte schwer bearbeitbar zu sein.

Moderne größere Gießereien arbeiten statt mit Beurteilung des Bruchgefüges mit fortlaufender chemischer Analyse zur Kontrolle sowohl ihres Rohmaterials als ihrer Erzeugnisse und erzielen damit bei sicherer Gattierung einerseits eine rationellere Ausnutzung der verschiedenen Roheisensorten, andererseits eine größere Gleichmäßigkeit und unter Umständen auch besondere Eigenschaften ihrer Erzeugnisse.

Eisengußsorten. Nach großen Gruppen pflegt man Röhrenguß, Bau- und Säulenguß und Maschinenguß zu unterscheiden; außerdem kommt noch feuerbeständiger Guß — so Stahlwerks-

Kokillen (vgl. S. 33), die aus dem gegen plötzliche Temperaturschwankungen unempfindlicheren Hämatiteisen gegossen werden — und Guß von besonderer Widerstandsfähigkeit gegen chemische Einflüsse in Betracht, insbesondere Säurebeständigkeit, die in höherem Grade bei weißem d.i. abgeschrecktem Gußeisen, wie später bei Hartguß besprochen, vorhanden ist.

Röhrenguß wird noch nach Muffenrohren, Flanschenrohren aus gewöhnlichem Gußeisen und Flanschenrohren aus Gußeisen von hoher Festigkeit unterteilt.

Bei Maschinenguß läßt sich ebenfalls gewöhnlicher Maschinenguß und Maschinenguß hoher Festigkeit unterscheiden. Eine besonders wichtige Maschinengußgattung ist der Zylinderguß, der durch komplizierte Form und sehr verschiedene Querschnitte an sich heikel ist, und von dem große Zähigkeit und Widerstandsfähigkeit gegen Verschleiß an den Laufflächen, dabei doch leichte Bearbeitbarkeit an den vielen zu bearbeitenden Stellen verlangt werden muß. Zylinderguß, bei dem auch noch Unterschiede nach Dampfzylindern und spezieller Lokomotivzylindern, nach Kompressorzylindern usw. gemacht werden können, erfordert niedrigeren Kohlenstoffgehalt und soll deshalb immer mit Spezialroheisen- oder Stahlzusatz hergestellt werden.

Außerdem ergeben sich in Spezial- und größeren Gießereien nach Bedarf noch verschiedene Gattierungen für Grundplatten, Walzen, Trockenzylinder, Kolben, Tauchkolben, Kolbenringe, Zahnräder, Riemenscheiben, Armaturen, Heizkörper, Bremsklötze (die ebenfalls mit Stahlzusatz erzeugt werden sollen) usw.

Eisenguß wird zum Teil in Formen aus „grünem" d. i. feuchtem Sand gegossen, zum Teil, insbesonders Qualitätsguß, in getrockneten Formen aus „fettem", d. i. tonreicherem Sand, für schwere Stücke auch aus „Masse", d. i. geeignet gemischten feuerfesten Stoffen, und aus Lehm oder fettem groben Sand. Neben der Handformerei kommen neuerdings für Massenerzeugnisse immer mehr Formmaschinen in Betracht, die bei Ersparnis an Zeit und geschulter Arbeitskraft genauere Abgüsse ergeben.

Gußeisen ist im ganzen weniger empfindlich gegen schädliche Beimengungen als schmiedbares Eisen und Stahl. Ein höherer Phosphor- und Schwefelgehalt ist aber auch bei Gußeisen schädlich und macht es brüchig. Schwefelgehalt wirkt auch dadurch schädlich, daß er das Eisen schwerflüssig macht und an scharfen

Kanten oder dünnen Wänden harte Stellen entstehen. Phosphor macht das Eisen leichtflüssig, und es wird deshalb für Stücke mit geringen Wandstärken, wenn sie keinen besonderen Ansprüchen an Festigkeit zu genügen haben, absichtlich phosphorhaltiges Gußeisen verwendet.

Schwinden. Die Eigenschaften von Eisenguß sind sehr wesentlich dadurch bedingt, daß Gußeisen sich unmittelbar vor dem Erstarren ausdehnt, was zur guten Ausfüllung der Form beiträgt, dann aber sich zusammenzieht. Da die Graphitausscheidung andererseits eine Ausdehnung zur Folge hat, schwinden, wie aus dem oben Gesagten hervorgeht, langsam abkühlende bzw. starkwandige Gußstücke weniger als schnell abkühlende bzw. dünnwandige. Das „Schwindmaß" wird in der Regel mit 1 % angenommen. Dagegen gibt Keßner in seiner sehr klaren Darstellung der wichtigsten Eigenschaften des gießbaren Eisens[1]) an, daß das Schwindmaß von dem Wert von 1 %, welcher für mittleren und leichten Guß gilt, für die Durchmesserrichtung großer Zylindergüsse, für ganz schweren Guß und für Gußstücke, deren freies Schwinden durch Rippen oder dgl. behindert ist, bis auf 0,5 % herabsinken kann, was allerdings ein seltener Ausnahmefall sein dürfte.

Lunkerbildung. Durch das Schwinden beim Erstarren entstehen an den am längsten flüssig bleibenden Stellen Hohlräume, die später (S. 35) noch eingehender zu besprechenden „Lunker", also an den Stellen, wo die größten Materialmassen vorhanden sind, und besonders dann, wenn an solche Stellen unvermittelt schwache, rasch erstarrende Querschnitte anschließen. Zur Vermeidung dieser unter Umständen sehr gefährlichen Erscheinung sollen Gußstücke mit möglichst gleichmäßigen Querschnitten, jedenfalls unter Vermeidung allzu plötzlicher Querschnittsübergänge, und statt massiver Querschnitte möglichst mit „entwickeltem" Querschnitt (⊥, [, I oder kastenförmig) konstruiert werden. Ein wirksames Mittel, über das nötigenfalls noch die Gießerei verfügt, ist die Anordnung möglichst großer „verlorener Köpfe", das sind stark dimensionierte Aufgüsse, die am längsten flüssig bleiben und dadurch den „Lunker" enthalten,

[1]) Geigers Handbuch der Gießerei, I. Band IX. Abschnitt (S. 209 bis 254).

wenn sie so angeordnet sind, daß sie möglichst lange und vollkommen in flüssiger Verbindung mit dem Gußstück bleiben.

Gußspannungen. Mit dem Schwinden hängen auch die inneren Spannungen zusammen, welche in Gußstücken ebenfalls entstehen, wenn sehr verschiedene Wandstärken vorhanden sind, und besonders, wenn der Übergang von starken auf schwache Querschnitte plötzlich stattfindet. Diese seit altersher bekannten Erscheinungen, welche oft erst lange nach dem Guß unter Beanspruchung oder bei Bearbeitung (infolge einseitiger Auslösung von Spannungen) zu Rissen führen, sind erst vor kurzer Zeit durch Heyn in ihrem Zusammenhang ganz klargestellt worden. Sehr charakteristisch läßt sich die Entstehung von Gußspannungen am Beispiel eines gegossenen Fensterrahmens mit dickem Außenrahmen und dünnen Sprossen zeigen. Beim Erstarren kühlen die Sprossen rascher ab und behalten eine größere Länge, als sie der Seitenlänge des Außenrahmens, welcher zu dieser Zeit noch plastisch ist, nach dem Erstarren entspricht; hierdurch erfährt letzterer eine Hinderung seiner weiteren Schwindung und reißt entweder beim Erstarren oder nimmt doch bedeutende Zugspannungen, die später zum Bruch führen können, auf. Gleiche Ursachen führen zu dem bekannten Verziehen von Gußstücken beim Erkalten.

Die Bedeutung der früher angeführten „Entwicklung" der Querschnitte und besonders reichlicher Querschnittsübergänge kann daher nicht hoch genug angeschlagen werden, und es sollte mehr beachtet werden, daß Kreisbögen, wie sie beispielsweise beim Übergang von Radspeichen zum Radkranz oder zur Nabe üblich sind, in der Regel keinen hinreichend allmählichen Querschnittsübergang ergeben, und deshalb bei größeren Abmessungen trapezförmige oder parabolische Übergänge vorzuziehen sind.

Auch hier kann die Gießerei noch bis zu einem gewissen Grade nachhelfen, indem an den erforderlichen Stellen die Form oder der Kern nachgiebig gemacht, ferner an den stärkeren Stellen der Gußstücke die Form zur Beschleunigung der Abkühlung früher entfernt und an den schwächeren Stellen zur Verlangsamung der Abkühlung mit Ziegeln bedeckt wird oder dergl., doch ist es jedenfalls richtiger, durch zweckmäßige Konstruktion solche Nachhilfe möglichst entbehrlich zu machen. Ein bei

Rädern oft angewendetes Mittel ist die Anbringung von Sprengfugen oder vollständigen Teilungen in Kranz und Nabe; ein anderes Mittel ist das sogenannte Fälschen der Form, d. i. Abänderung der Form in solcher Weise, daß das Gußstück nach dem Verziehen gerade die gewünschte Form besitzt.

Gußfehler. Die später (S. 35 und 37) eingehender zu besprechenden Seigerungen, das sind Anreicherungen der am längsten flüssigbleibenden Stellen mit den im Eisen enthaltenen Beimengungen, machen sich bei Gußeisen selten in störender Weise geltend, mitunter durch Ausschwitzen flüssiger Partien nach außen („Schwitzkugeln"), oder durch örtliche harte Stellen oder Einlagerungen („Nieren" oder „Bohnen"). Häufiger sind Gußblasen, Luftblasen, mitgerissene Oxydhäutchen („Wanzen") und aus der Form oder dem Einguß mitgerissener Sand.

Fehler der letzten Art treten naturgemäß hauptsächlich im oberen Teil des Gußstückes auf, und man pflegt deshalb bekanntlich Stücke, bei denen man auf reine Oberfläche besonderen Wert legt, mit hohen Aufgüssen und mitunter auch so zu gießen, daß oben sehr reichlich zum Wegdrehen oder Weghobeln zugegeben wird.

Ungleichmäßigkeiten, wie Härteadern und Sandeinschlüsse, äußern sich bei der Bearbeitung, insbesondere beim Bohren, durch ein kreischendes Geräusch („Singen" des Bohrers).

Ungleichmäßige Wandstärke infolge verschobener Kerne, die bekanntlich bei liegendem Guß durch den Auftrieb der Metallsäule leichter vorkommt, kann, wo es ohne Beeinträchtigung der Festigkeit möglich ist, durch Anbohren festgestellt werden. Nicht vollständig mit dem Guß verschmolzene Kernstützen sind in der Regel von außen sichtbar. Ein einfaches bekanntes Mittel zur Prüfung der Qualität von Gußwaren ist Aufschlagen mit einem Hammer auf die Kanten, wobei diese sich eindrücken und nicht abbröckeln sollen. Von Kolbenringen verlangt man, daß sie sich durch Hämmern strecken lassen.

Verschweißen von unganzen Stellen oder Brüchen durch Thermit, elektrischen Lichtbogen, autogene Schweißung, oder durch Aufgießen flüssigen Gußeisens, ist nicht immer ganz unbedenklich, und der Besteller sollte solche Operationen, die unter allen Umständen zu inneren Spannungen und häufig ungleicher Härte (die für die Bearbeitung und insbesondere auch bei Laufflächen von Bedeutung ist) führen können, nicht ohne seine vorher eingeholte Zustimmung und jedenfalls nicht an Stellen stärkerer Beanspruchung zulassen.

Bei Anbringung von Löchern zum Herausnehmen der Kerne, die gewöhnlich vom Konstrukteur angegeben werden, sollen Stellen mit stärkeren Spannungen, insbesondere Zugspannungen vermieden werden, da sonst, selbst bei verstärktem Rand, Brüche verursacht werden können (vgl. hierzu „Kerbwirkung" S. 10).

Ebenfalls den Konstrukteur und nicht den Gießer betrifft die Anbringung von Rippen, welche, wie Bach schon vor Jahren gezeigt hat, auf der Zugseite durch Vergrößerung der Entfernung der gespanntesten von der neutralen Faser schädlich und durch Vergrößerung der Zugspannung verschwächend statt verstärkend wirken können.

Gußhaut. Die äußere Schicht der Gußstücke wird bekanntlich, insbesondere bei feuchtem Formsand, durch die raschere Abkühlung (vgl. S. 15) härter und leistet dadurch der Bearbeitung größeren Widerstand. Auch gegen Rost, chemischen Angriff und Einwirkung des Feuers leistet die Gußhaut größeren Widerstand als schmiedbares Eisen und Stahl, worauf die (durch geeignete Zusammensetzung noch zu erhöhende, vgl. oben S. 16) größere Lebensdauer gußeiserner Rohrleitungen bei Verlegung im Boden und von gußeisernen Roststäben beruht. Trotzdem haben Versuche von Bach gezeigt, daß Gußstücke mit entfernter Gußhaut größere Festigkeit gegen Biegung besitzen, was durch die Sprödigkeit und die inneren Spannungen der Gußhaut (vgl. S. 18) erklärt wird.

Die Gußhaut steht infolge der rascheren Abkühlung gegenüber dem inneren Teil des Gußstückes unter einer gewissen Spannung, und wenn sie nur teilweise oder nur auf einer Seite entfernt wird, so wird das Gleichgewicht gestört und das Stück verzieht sich. Hierauf muß bei genaueren Arbeiten und ganz besonders bei Meßinstrumenten sehr geachtet werden. Gußstücke, die sich infolge von Gußspannungen oder von einseitiger Entfernung der Gußhaut geworfen haben, können wieder in die richtige Form zurückgebracht werden, indem man sie auf der konkaven Seite stark erwärmt, wodurch sie sich auf dieser Seite bleibend dehnen.

Thürridl-Wien, der dieses Verfahren zu besonderer Vollkommenheit gebracht hat, erklärt dessen Wirkung durch vollständiges oder teilweises Ausgleichen der inneren Spannungen (vgl. S. 18), gewissermaßen Einregulieren derselben auf jede beliebige Krümmung.

Zerreißprobe. Zerreißproben werden bei Gußeisen im ganzen nicht sehr häufig vorgeschrieben. Die Dehnung und Kontraktion fallen hierbei sehr gering aus und können mit den gewöhnlichen Mitteln in der Regel gar nicht gemessen werden. Als geringste Zugfestigkeit kann verlangt werden bei Maschinen- und Kolbenringguß 12 kg/qmm, bei Zylinderguß 18 kg/qmm; bei besonders gutem Guß werden 24 und selbst 28 kg/qmm ohne Schwierigkeit erreicht, letzterer Wert neuerdings für besondere Qualitäten auch garantiert. Sehr wesentlich ist für das Ergebnis nach dem vorstehend Gesagten die Herstellungsweise der Probestäbe. Je nach der Lage und Stärke des für den Probestab verwendeten Teiles, der Abkühlungsgeschwindigkeit, Gußtemperatur usw. wird die Festigkeit verschieden sein, insbesondere im Innern dickwandiger Gußstücke infolge der Graphitausscheidung und des groben Kornes (vgl. S. 15) geringer.

Der große Vorteil derartiger Proben besteht darin, daß durch den Zwang der Erreichung gewisser Eigenschaften unter allen Umständen ein größeres Maß von Sorgfalt bei der Gattierung und beim Guß gewährleistet wird als bei gewöhnlichen Gußstücken. Vom Standpunkt des Abnehmers ist deshalb unbedingt vorzuziehen, daß die Probestäbe am Gußstück angegossen und nicht getrennt gegossen werden.

Biegeprobe. Da sich bei der Zerreißprobe, wie oben erwähnt, meßbare Dehnungs- und Kontraktionswerte meist nicht ergeben, muß zur Beurteilung der Zähigkeit die Durchbiegung bei der Biegeprobe herangezogen werden.

In Deutschland wird vielfach nur Biegeprobe vorgeschrieben, an drei Probestäben von 30 mm rundem Querschnitt und 650 mm Länge, mit Gußhaut, die getrennt vom Gußstück in getrockneten möglichst ungeteilten Formen stehend, bei steigendem Guß und bei mittlerer Gußtemperatur aus demselben Abstich herzustellen und bis zur Erkaltung in den Formen zu belassen sind; Angießen der Probestäbe an die Gußstücke ist besonderer Vereinbarung vorbehalten. Bei 600 mm Auflager entfernung und Belastung in der Mitte soll für gewöhnlichen Maschinenguß mindestens 495 kg Bruchlast (gleich 28 kg/qmm rechnungsmäßiger Beanspruchung) und 7 mm Durchbiegung, für Maschinenguß von hoher Festigkeit mindestens 600 kg Bruchlast und 10 mm Durchbiegung (gleich 34 kg/qmm rechnungsmäßiger Beanspruchung) erreicht werden. Diese im Jahre 1909 vom Deutschen Verband für die Materialprüfungen der Technik auf Grund eines Vorschlages des Vereins deutscher Eisengießereien aufgestellten und von preußischen Ministerium für Handel und Gewerbe angenommenen Vorschriften sind seitdem allerdings vom Berichterstatter des Verbandes, Jüngst, als weit unter der Leistungsfähigkeit der deutschen Eisengießereien liegend und deshalb einer Umarbeitung bedürftig bezeichnet worden[1]).

Für Schlagbiegeproben an gekerbten oder, was für Gußeisen zu genügen scheint, an ungekerbten Stäben, liegen noch wenig Erfahrungen vor.

Anforderungen an Gußeisen für Dampfleitungen. Die vom Verein deutscher Ingenieure zuerst im Jahre 1900 und dann in Umarbeitung im Jahre 1912 herausgegebenen Normalien für Rohrleitungen für Dampf hoher Spannung bestimmen:

Gußeisen darf bis zu 8 at zu Rohren, Formstücken und Ventilkörpern für alle Durchmesser, von 8—10 at zu Ventilkörpern und Formstücken für alle Durchmesser, zu Rohren nur bis 150 mm Durchmesser, über 13 at überhaupt nicht verwendet werden, mit Ausnahme von Ventilen bis 50 mm Durchmesser.

Das Gußeisen muß eine Biegeprobe mit den in den Vorschriften des deutschen Materialprüfungsverbandes für Gußeisen hoher Festigkeit festgesetzten Anforderungen (vgl. oben) bestehen.

Härte. Die Härte kann am besten durch Bohren mit einem genau geschliffenen Spiralbohrer geprüft werden, wobei nur zuerst die härtere Gußhaut mit einem anderen Bohrer weggebohrt werden muß. Die Zahl der Bohrerumdrehungen auf 1 cm Eindringungstiefe gibt direkt ein Maß für die Härte und ist auch

[1]) Beitrag zur Untersuchung des Gußeisens. Ergebnisse der Untersuchungen von Gußeisen auf Durchbiegung, Biegefestigkeit, Schlag- und Stoßfestigkeit, Höhenverminderung, Druckfestigkeit und Härte von Geh. Bergrat Dr.-Ing. h. c. Jüngst. Düsseldorf, Verlag Stahleisen 1913.

umso größer, je größer die Zugfestigkeit der betreffenden Gußeisensorte ist. Man muß dazu ein besonders gleichmäßiges Vergleichsmaterial (ein eigens erzeugtes Normalgußeisen, evtl. Armaturenguß) haben, der Bohrer muß richtig geschliffen sein und gleichmäßig (z. B. durch ein Gewicht) niedergedrückt werden. Zuerst müssen die Bohrerumdrehungen beim Vergleichsgußeisen gezählt werden, dann bei dem zu untersuchenden Gußeisen und zuletzt noch einmal beim Vergleichsgußeisen (um den Einfluß der Bohrerabnutzung auszuschalten, nimmt man das Mittel aus beiden Werten). Das Vergleichsgußeisen wird mit der Wertzahl 100, das zu untersuchende Gußeisen im Verhältnis, in dem es mehr oder weniger Bohrerumdrehungen braucht, mit einer größeren oder geringeren Härtezahl als 100 bezeichnet.

Es gibt eigene Bohrmaschinen (von Loewe-Berlin) für Eisenprüfung. Neuerdings hat Keßner (Technische Hochschule Charlottenburg) Apparate hierfür angegeben, die an jeder Bohrmaschine angebracht werden können, sowie auch eigene „Härtebohrmaschinen" konstruiert, und hat das Verfahren überhaupt als Maßstab für die Bearbeitungsfähigkeit der Materialien einerseits, für die Prüfung von Werkzeugstahl andererseits ausgebildet [1]).

Formänderungsfähigkeit und Sicherheit gegen Bruch. Gußeisen hat bei niedrigen Spannungen eine verhältnismäßig große Formänderungsfähigkeit. Bei hohen Spannungen, wo bei Schmiedeeisen oder Stahl und auch bei Stahlguß aber erst die Streckgrenze ist und noch eine sehr große Formänderung vor dem Bruch stattfinden kann, bricht Gußeisen schon, ohne daß es vorher besonders nachgibt. Manche Gießereien können aber auch sehr formänderungsfähige Gußeisensorten erzeugen (z. B. das jetzt aufgelassene Gußwerk bei Mariazell Töpfe aus dünnwandigem Eisenguß, die wie Blech eingebeult werden konnten).

Anwendungsgebiet von Eisenguß. In der modernen Technik herrscht das Bestreben vor, Eisenguß bei hochgespanntem Dampf (vgl. S. 22) in Fällen starker Beanspruchung, bei welchen sich bereits übermäßige Wandstärken ergeben, und auch bei stoßweiser Beanspruchung durch Stahlguß (vgl. S. 45), im Fall ein-

---

[1]) Werkstattstechnik 1911. Journal of the Iron and Steel Institute 1913.

facherer Formen durch Schmiedestücke zu ersetzen. Andererseits gelingt es aber auch, die Qualität des Eisengusses durch geeignete Gattierung immer mehr zu verbessern.

Die Verwendung von Gußeisen oder Temperguß (vgl. S. 25) zu den von Heizgasen berührten Teilen der Wandungen der Dampfkessel ist allgemein untersagt. Die Verwendung zu den nicht von den Heizgasen berührten Teilen der Dampfkessel wird ebenfalls beschränkt; so gestatten die für das Deutsche Reich geltenden „Allgemeinen polizeilichen Vorschriften für die Anlegung von Land- und Schiffsdampfkesseln“ (vgl. S. 56) die Verwendung von Gußeisen oder Temperguß für solche Teile nur dann, wenn ihre lichten Querschnitte kreisförmig sind, ihre lichte Weite 250 mm und der Dampfdruck 10 Atm. nicht überschreitet. In den zugehörigen „Bauvorschriften“ ist ebenso wie in den „Hamburger Normen“ (vgl. S. 56) die Verwendung von Gußeisen oder Temperguß zu Verschlußdeckeln oder Mannlocheinfassungen (Rahmen) untersagt.

Hartguß. Durch Gießen in metallene Formen (Schalen, auch Kokillen genannt) kann man Guß mit glasharter Oberfläche herstellen. Das graue Roheisen wird durch die rasche Abkühlung, die an diesen Formen eintritt, an der Abscheidung von Graphit verhindert und dadurch in weißes Roheisen umgewandelt, welches trotz hohen Siliziumgehaltes den Kohlenstoff nicht in Form von Graphit, sondern an das Eisen gebunden enthält und dadurch eine besondere Härte erlangt. Der Vorgang ist analog dem Härten des Stahls. Derartiger Hartguß oder Schalenguß muß aus besonders hochwertigem Gußeisen hergestellt werden, so daß auch bei den weichbleibenden Partien eine bessere Qualität anzunehmen ist als bei gewöhnlichem Guß.

Die Formen werden zum Teil in Sand hergestellt (für die Partien, welche weich bleiben sollen) und für die Partien, welche hart werden sollen (z. B. Lauffläche und Laufkranz bei Schalengußrädern) eiserne Formen eingelegt. An gebrochenem Hartguß kann man deutlich das feinere, hellere und strahlige Gefüge der harten Außenschicht sehen, welches allmählich in das gewöhnliche Gußeisengefüge übergeht. Diese Schicht kann, wenn sie die volle erreichbare Härte hat, durch Werkzeuge nicht bearbeitet und nur mit Schmirgelscheibe geschliffen werden; charakteristisch hierfür ist, daß früher in amerikanischen Eisenbahnwerkstätten

Hartgußmesser zum Abdrehen von hartgebremsten Radreifen verwendet wurden.

Weichguß (Temperguß, schmiedbarer Guß). Gußeisen kann, wie bekannt, auch weich, zäh und schmiedbar gemacht werden, und zwar größere Gegenstände an der Oberfläche, kleinere (bis etwa 25 mm Dicke) durchaus, indem man sie in Töpfen oder Muffeln in gepulvertem Hammerschlag oder Roteisensteinerz (d. i. Eisenoxyd) verpackt und mehrere Tage auf Hellrotglut erhitzt. Der Kohlenstoff des Gußeisens verbrennt zum Teil mit dem Sauerstoff des Eisenoxydes, und es entsteht durch Verringerung des Kohlenstoffgehaltes aus dem Gußeisen schmiedbares Eisen. Temperguß wird aus weißen Roheisensorten hergestellt, da der Kohlenstoff in Form von Graphit zu schwer oxydiert und man infolge Aufzehrung der Graphiteinschlüsse poröse und brüchige Stücke erhalten würde; er soll nach dem Glühen 3—4 Tage langsam abgekühlt werden. Temperguß ermöglicht, in großer Anzahl benötigte Bestandteile, die durch Schmieden gar nicht oder wesentlich teurer hergestellt werden könnten, durch Guß und dabei doch von größerer Zähigkeit herzustellen. Guter Temperguß soll sich in kaltem Zustande hämmern und strecken lassen, ohne zu brechen. Für Teile, an deren Festigkeit irgendwie Anforderungen gestellt werden, soll er jedoch nicht verwendet werden (vgl. S. 23, Anwendungsgebiet von Eisenguß).

III. Schweißeisen.

Verwendungsgebiet. Schweißeisen (Puddeleisen) ist wohl ein im Aussterben befindliches Material und nur noch ein geringer Teil der Gesamterzeugung von Eisen und Stahl, es findet sich aber immer noch mehr in Anwendung, als man glaubt, und man ist mitunter überrascht — ganz abgesehen von den beträchtlichen Mengen Schweißeisen, welche die kleinen Schmiede und dergl. der gewohnten Verarbeitungsweise und der leichteren Schweißbarkeit halber noch immer verwenden —, auch in Fällen, in welchen man es gar nicht erwartet, ein als Eisen schlechtweg bezeichnetes Material als Schweißeisen zu erkennen.

Allerdings ist Schweißeisen immer schwerer in entsprechender Qualität zu bekommen, und die Erzeugung wird immer mehr eingeschränkt, so daß es in größeren Profilen schon überhaupt schwer erhältlich und infolge mangelnder Durcharbeitung (statt durch Dampfhämmer mitunter nur durch Walzen) auch minderwertig ist. Für Dampfkesselerzeugung — wie für den großen Maschinenbau überhaupt — kommt Schweißeisen praktisch nicht mehr in Betracht; Kesselbleche aus Schweißeisen, die früher kunstvoll aus gekreuzten Paketen hergestellt wurden, werden schon seit Jahren nicht mehr erzeugt.

Erzeugung und Beschaffenheit. Schweißeisen enthält infolge des Vorganges bei der Erzeugung eine große Menge Schlacke. Die Erzeugung erfolgt durch Puddeln, d. i. Rühren von eingeschmolzenem weißen Roheisen mit Schlacke, bis durch den oxydierenden Einfluß der Luft und der Schlacke der Kohlenstoffgehalt auf den des schmiedbaren Eisens gesunken ist; das alte Herdfrischverfahren zur Erzeugung von Schweißeisen ist heute wohl nur noch sehr selten, und zwar zur Erzeugung von Einsatzmaterial für ganz hochwertige Tiegelstähle in Anwendung. Die beim Puddeln gewonnenen Klumpen (Luppen) werden ausgequetscht, aus den ausgewalzten und zerschnittenen Stücken (Rohschienen) Pakete gebildet, diese sodann nochmals ausgeschmiedet und ausgewalzt; dadurch bilden sich Eisenfasern, zwischen denen sich feine Schlackenschichten befinden. Auch aus altem Schweißeisen können Pakete gebildet und wieder zu brauchbarem Schweißeisen ausgeschmiedet werden; dieses Eisen, welches sich ohne Schwierigkeit auch in nicht hüttenmännischen Betrieben erzeugen läßt, kann, wenn es aus sorgfältig ausgesuchtem Material bekannter Herkunft richtig hergestellt wird, sehr gut sein, ist aber andernfalls nicht unbedenklich.

Je mehr bis zu einem gewissen Grade durch Ausschmieden überschüssige Schlacke ausgequetscht und das Eisen zu feinen Fasern ausgestreckt worden ist, desto besser ist das Schweißeisen.

In gleicher Weise wie Schweißeisen kann auch durch einen besonderen Feuerungsvorgang und Unterbrechung des Prozesses in einem früheren Zeitpunkt Schweißstahl (genauer „Puddelstahl“) erzeugt werden, der jetzt noch wegen der erreichbaren Reinheit (insbesondere auch Freiheit von Mangan) als Rohmaterial für hochwertige Stähle Verwendung findet und selbst heute noch aus Österreich nach dem Orient und nach überseeischen

Ländern für Waffenerzeugung, aber auch für Erzeugung von einfachen Messern, Scheren und dergl. exportiert wird. Eine Qualität zwischen Puddeleisen und Puddelstahl war das sogenannte Feinkorneisen.

Eigenschaften. Schweißeisen hat für die Anforderungen der modernen Technik in vielen Fällen eine zu geringe Festigkeit (selten über 40 kg, das ganz weiche Schweißeisen von 33 bis 35 kg hat aber den Vorzug größerer Zähigkeit), es ist seiner Natur nach nie ganz homogen und hat senkrecht zur Faserrichtung wesentlich geringere Festigkeit und Dehnung. Auch der am meisten geschätzte Vorzug, die leichte Schweißbarkeit, kommt mit Ausnahme besonderer Fälle (wie z. B. Bohrstangen für Tiefbohrung) nicht so sehr in Betracht, da sich die Schmiede, wenn sie einmal dazu gezwungen sind, ganz gut an das Schweißen von Flußeisen gewöhnen können. Schweißeisen hat aber infolge seiner faserigen Struktur den Vorteil, daß es Stößen gut Widerstand leistet — mitunter überraschend besser als Flußeisen — und überhaupt nicht so leicht ganz durchbricht, da nur die stärkst beanspruchten Fasern reißen und die anderen ganz bleiben. Das ist insbesondere in verletztem Zustand (vgl. S. 8/10) von Vorteil, besonders in Fällen beständigen Hin- und Herbiegens bei gleichzeitigen Temperaturschwankungen, beispielsweise bei Feuerbüchsverankerungen, bei welchen erfahrungsgemäß auch nur einigermaßen gutes Schweißeisen nicht so leicht reißt wie Flußeisen. Die ganze auf S. 9 besprochene Kalamität der „Kerbwirkung" scheint zur Zeit der ausschließlichen Verwendung von Schweißeisen unbekannt gewesen zu sein.

Erzeugungsfehler. Bei Schweißeisen, insbesondere bei dem heutigen, muß auf Erzeugungsfehler mehr geachtet werden als bei anderem Material. Häufige Fehler sind offene Schweißfugen, das sind schlecht schweißende Schlackenschichten infolge zu großen Schlackenüberschusses oder ungeeigneter Beschaffenheit der Schlacke, dann die sogenannten Quarzlassen, das sind harte Adern, infolge Mitauswalzens von Sandkörnern, die im Ofen an den Paketen kleben geblieben sind. Beide Fehler kann man bei schwachen Profilen durch genaues Besichtigen jeder Stange leicht erkennen, wobei man sich bei verdächtigen Stellen durch Anfeilen überzeugen kann, ob ein solcher Fehler vorliegt. Ein sicheres Mittel ist das Zusammenstauchen im rotwarmen Zustande (bei Rundeisen z. B. ein Stück, das 1½- oder 2 mal so hoch ist als sein Durchmesser, auf die Hälfte der ursprünglichen Höhe zusammengestaucht), wobei sich jeder Fehler in den Außenschichten durch klaffende Stellen äußert. Bei Flacheisen kann man die Fächerprobe oder Blechprobe machen, d. h. das Stück ganz breit und dünn schlagen, wobei es am Rand nicht aufgehen soll. Bei stärkeren Profilen, die mitunter nur außen aus Rohschienen und innen aus Flußeisenabfällen (auch Partien, die im Puddelofen nicht gar gearbeitet wurden, kommen vor) bestehen, kann man sich durch die sogenannte Hörndlprobe (Fig. 6) überzeugen, ob sie innen gut sind (Warmaufschlitzen und Umbiegen der gespaltenen Teile nach beiden Seiten, wobei kein Einreißen stattfinden darf).

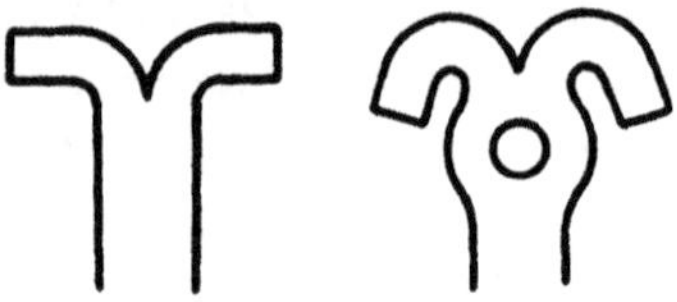

Fig. 6.

Unterscheidung von Flußeisen. Bei Einkerben und Abbrechen oder bei Aufbrechen zusammengebogener Stücke sieht man in der Regel den faserigen Bruch des Schweißeisens, bei blank gedrehten oder polierten Stücken sieht man der Längsrichtung nach die Schweißfugen, die in der Regel auch bei Schraubengewinden leicht erkennbar sind. Bei manchen Stücken, besonders wenn sie plötzlich abgebrochen, mit der Schere geschnitten oder durch den Gebrauch nicht mehr blank sind, ist die Unterscheidung sehr schwer. Im Zweifelsfall kann man ein kleines Stück ausschmieden, einkerben und abbrechen. Eine ganz sichere Unterscheidung gibt eine Ätzung (z. B. mit konzentrierter Salzsäure oder etwa 8 proz. Kupferammoniumchloridlösung) durch Sichtbarwerden der zwischenliegenden Schlackenschichten.

Schweißeisensorten. Die Schweißeisenmarken sind je nach der Herkunft sehr verschieden. Die Bezeichnung Holzkohleneisen, welche sich mitunter für eine bessere Qualität findet, dürfte, wie sich aus der vorhergehenden Bemerkung über Holzkohlen-Roheisen (S. 14) ergibt, in vielen Fällen aus früherer Zeit stammen und heute nicht mehr richtig sein.

Die Vorschriften des Vereins deutscher Eisenhüttenleute für die Lieferung von Eisen und Stahl v. J. 1911 unterscheiden außer dem gewöhnlichen Schweißeisen ohne Abnahmebedingungen noch drei Qualitäten mit den Bezeichnungen best, best best und best best best.

Gutes Schweißeisen hat einen langfaserigen, feinen und selbst seidenglänzenden Bruch, schlechteres Schweißeisen hat einen gröberen Bruch, mitunter mit klaffenden Stellen.

IV. Flußeisen und Flußstahl.

Erzeugung und Beschaffenheit. In früheren Jahren wurde Stahl in ganz anderer Weise erzeugt als Eisen, und zwar entweder als Puddelstahl durch eine besondere Art des Puddelofenbetriebes (vgl. S. 26) oder als Zementstahl durch Glühen von Schweißeisenstangen in Holzkohlenpulver oder schließlich als Gußstahl durch Umschmelzen von Puddelstahl oder Zementstahl im Tiegel. Es konnte also Eisen und Stahl nach Erzeugung und nach Aussehen und Bruch leicht unterschieden werden.

Gegenwärtig wird sogut wie aller Stahl aus dem Roheisen flüssig als Flußstahl ebenso wie das Flußeisen hergestellt, und es besteht in der Erzeugung kein eigentlicher Unterschied mehr zwischen Eisen und Stahl.

Kohlenstoffgehalt. Stahl hat bekanntlich einen höheren Kohlenstoffgehalt als Eisen. Die Grenze pflegt mit 0,45 oder 0,5 % angegeben zu werden, hängt jedoch sehr von dem Gehalt an anderen Stoffen, insbesondere auch Mangan, ab und gilt überhaupt nicht mehr bei den sogenannten Spezialstählen, bei welchen der Kohlenstoff zum Teil durch Nickel, Chrom, Wolfram, Molybdän oder dergl. ersetzt ist. Sie ist demnach unter Umständen bedeutend niedriger.

Schwanken in den Bezeichnungen. In Wirklichkeit ist die Unterscheidung zwischen Flußeisen und Flußstahl nicht streng durchgeführt, weil man nach Einführung der Flußeisen- und Flußstahlerzeugung vielfach alles flüssig erzeugte Material als Stahl und das alte Schweißeisen schlechtweg als Eisen bezeichnete, wie es die Engländer und Amerikaner und teilweise auch die Franzosen jetzt noch tun. Auf diese Weise ist man dazu gekommen, die flußeisernen Kesselbleche als Stahlbleche, die flußeisernen Feuerrohre als Stahlrohre und das in Formen gegossene Flußeisen, welches hierzu weit häufiger verwendet wird als

Flußstahl, als Stahlguß zu bezeichnen, trotzdem sie ihrer Festigkeit und ihrem Kohlenstoffgehalt nach kein Stahl und auch durch Abschrecken nicht härtbar sind, Kesselbleche und Feuerrohre in der Regel gar nicht einmal härtbar sein dürfen.

Unterscheidung nach der Härtbarkeit. Als Stahl ist solches Material anzusehen, das durch Erhitzung und darauffolgende Abkühlung Härtung annimmt. Wenn man Material, dessen Eigenschaften nicht bekannt sind, auf Rotglut erhitzt, in Wasser abschreckt und der Biegeprobe unterzieht, so wird sich Eisen fast ganz oder ganz zusammenbiegen lassen, Stahl dagegen brechen, desgleichen Eisen sich noch leicht feilen lassen, Stahl dagegen dem Angriff der Feile widerstehen. Härteres Eisen und weicherer Stahl verhalten sich hierbei aber schon so ähnlich, daß man sie nicht sicher unterscheidet. Bei Flußeisen wird die Zähigkeit durch Abschrecken in rotwarmem Zustande nicht verringert, sondern erhöht.

Unterscheidung nach der Festigkeit. Da von allen für wichtigere Teile verwendeten Materialien Zerreißproben gemacht werden, ist es üblich, die Unterscheidung nach der Festigkeit zu machen. Material von mehr als 50 kg/qmm Festigkeit pflegt deutlich härtbar zu sein und wird als Stahl, Material von geringerer Festigkeit als Eisen bezeichnet.

Erzeugungsverfahren. Flußeisen und Flußstahl werden gegenwärtig vorwiegend derart erzeugt, daß in flüssigem Roheisen der Kohlenstoff oxydiert und das Roheisen dadurch in fast kohlenstoffreies Eisen verwandelt wird. Der Kohlenstoffgehalt, der für die gewünschte Eisen- und Stahlsorte, bzw. für die vorgeschriebene Festigkeit erforderlich ist, wird meist nachträglich zugesetzt, und zwar in Form von Spiegeleisen oder Ferromangan (eine Verbindung von Eisen, Mangan und Kohlenstoff), wobei das Mangan den im Eisen nach vollständiger Entkohlung vorhandenen überschüssigen Sauerstoff bindet, bei Stahl oft auch ganz oder zum Teil in Form von Kokspulver.

In großen Werken wird das Roheisen gleich flüssig vom Hochofen verwendet, und zwar wird es zuerst in großen kippbaren Öfen (bis zu 1200 t Inhalt) gemischt. Diese „Mischer“ dienen nicht nur zur Aufspeicherung, sondern sind auch für die Qualität sehr wesentlich, weil sie durch Mischung verschieden zusammengesetzter Hochofenabstiche ein gleichmäßigeres Roheisen geben, das die richtige Führung des Prozesses sehr erleichtert, und weil hierbei Gelegenheit gegeben wird, daß sich ein großer Teil des im Roheisen enthaltenen Schwefels durch Verbindung mit dem im Roheisen enthaltenen Mangan oder auch mit einem zu diesem Zwecke gegebenen Kalkzusatz in Form von Schlacke abscheidet. Da Holzkohle nur noch in wenigen kleineren Öfen zur Erzeugung des allerbesten Qualitätsmateriales verwendet wird, spielt der durch den Koks in das Roheisen kommende Schwefel eine immer größere Rolle.

Bessemerverfahren. Beim Bessemerverfahren wird die Verbrennung des Kohlenstoffs im flüssigen Roheisen durch Durchblasen von Luft durch ein kippbares birnenförmiges Gefäß bewirkt. Hierbei wird in etwa 20 Minuten der Inhalt der Birne in Eisen bzw. in Stahl verwandelt. Beim ursprünglichen (saueren) Bessemerverfahren hat die „Birne", in welcher der Prozeß vor sich geht, sauere Ausfütterung (Quarzziegel). Dabei wird das im Eisen (grauen Roheisen) enthaltene Silizium durch den Sauerstoff der durchgeblasenen Luft verbrannt und die hierdurch entstehende Wärme bewirkt das Flüssigbleiben des Eisens, trotzdem dasselbe mit zunehmender Entkohlung einen immer höheren Schmelzpunkt annimmt. Der im Eisen enthaltene Phosphor wird hierbei nicht verschlackt, so daß nur sehr phosphorarmes Roheisen verwendet werden kann. Nach diesem Verfahren wird in Amerika noch zum Teil, in Europa nur mehr sehr wenig gearbeitet. Für manche besondere Zwecke, wie zur Erzeugung mancher Federstahlsorten, Messerstähle und dergl. sowie von Stahlguß (vgl. S. 45) sind noch kleinere Birnen von 5 bis 8 t Inhalt in Verwendung.

Thomasverfahren. Das Thomasverfahren ist ein Bessemerverfahren mit basischer Ausfütterung der Birne (gebrannter Dolomit). Dabei geht der Phosphor in die Schlacke, und das Eisen muß sogar sehr phosphorhaltig sein, weil die Verbrennung des Phosphors (wie beim Bessemerverfahren des Siliziums) die Wärme gibt, die notwendig ist, um das Eisen flüssig zu erhalten. Hierbei ist besonders wesentlich, daß der Oxydulgehalt, welcher bei vollständiger Entphosphorung („Überblasen") in das Eisen gelangen kann, durch das Rückkohlungsmittel (vgl. S. 30, Erzeugungsverfahren, erster Absatz) sicher wieder entfernt wird.

Das Thomasverfahren wird insbesondere in Deutschland in großem Umfang angewendet. Der Inhalt einer Thomasbirne pflegt 10 bis 30 t zu betragen.

Martinverfahren. Die Erzeugung erfolgt im bekannten Siemens-Martin-Flammofen (Gasfeuerung mit abwechselnder Vorwärmung von Gas und Verbrennungsluft in den durch die Verbrennungsgase geheizten Wärmespeichern) unter Beimischung von Alteisen (Schrott), und in vielen Fällen auch durch gleichzeitige Beimengung von reinem (steirischem oder schwedischem) Erz, dessen Sauerstoffgehalt neben demjenigen der Flamme entkohlend wirkt. Zur Erzeugung kohlenstoffreicheren Materials wird mitunter nicht ganz entkohlt, sondern durch geeignete Mischung und Ofenführung von vornherein auf den gewünschten Kohlenstoffgehalt hingearbeitet (das sogenannte „Abfangen"). Das Verfahren dauert in der Regel 4—6 Stunden, und man hat hinreichend Zeit, mehrere Proben zu entnehmen und so lange zu arbeiten, bis das Material gut ist. Das Martinverfahren gewinnt immer mehr Umfang und ist mit Rücksicht auf die Verwendbarkeit von Alteisen in manchen Fällen auch schon das wirtschaftlichste. Neue Martinöfen für Massenerzeugung haben in Österreich vielfach 30, in Deutschland häufig 50, aber auch 60 und auch 80 t Inhalt (selbst 100 t kommen in einem vereinzelten Fall vor) und erzeugen täglich bei viermaliger Beschickung das Vierfache ihres Inhaltes; zur Erzeugung von Spezialstahlen pflegt man kleinere Öfen von 15 t oder weniger Inhalt zu verwenden, in welchen die Beherrschung des Prozesses und die Zugabe der Beimengungen leichter ist.

Saueres Martinverfahren. Die Ausfütterung (Zustellung) des Ofens besteht wie beim ursprünglichen Bessemerverfahren aus Quarzziegeln; infolge der saueren Reaktion findet keine Entphosphorung statt, und es muß infolgedessen sehr reines Einsatzmaterial verwendet werden. Das sauere Martinverfahren wird verhältnismäßig wenig angewendet, am meisten zur Erzeugung von härterem Material wie Federstahl und teilweise auch von Stahlguß (meist ebenfalls der härteren Sorten), gewinnt aber neuerdings wieder mehr an Boden.

Basisches Martinverfahren. Der Ofen arbeitet mit basischer Zustellung, gewöhnlich Magnesitziegeln, wodurch wie beim Thomasverfahren der Phosphorgehalt des Eisens zum überwiegenden Teil in die Schlacke geht. Das basische Martinverfahren wird immer mehr bevorzugt, insbesondere für Qualitätsmaterial, und pflegt für solches auch oft vorgeschrieben zu werden. In Österreich ist es das vorherrschende Verfahren.

Unterscheidung nach Chargen (Schmelzungen). Die in einem Ofen (oder einer Birne) auf einmal erzeugte Eisen- oder Stahlmenge wird eine Charge (Schmelzung) genannt. Über die Schmelzungen werden in den Werken Bücher geführt, bei den Abnahmeproben werden die Stücke nach Schmelzungen gesondert gehalten und möglichst von jeder Schmelzung mindestens ein Stück geprüft, es wird auch bei wichtigen Stücken, z. B. Kesselblechen, Eisenbahnachsen, Rädern, Radreifen und dergl., auf jedes die Schmelzungsnummer eingeschlagen.

Gehalt an schädlichen Beimengungen. Als solche sind in erster Linie Phosphor und Schwefel anzusehen. Phosphor bewirkt bekanntlich Kaltbrüchigkeit des Eisens, Schwefel Rotbrüchigkeit in rotwarmem Zustande, letztere kann auch durch Eisenoxydulgehalt bewirkt sein. Bei Vorschreibung der chemischen Zusammensetzung pflegt man für Qualitätsmaterial sowohl den Phosphor- wie den Schwefelgehalt mit 0,05 % zu begrenzen, mitunter geht man bis auf 0,04 und in vereinzelten Fällen auf 0,03 herunter; besonders gutes Material kommt indessen noch weit tiefer. Wie aus dem Folgenden hervorgeht, kann dieser Gehalt sehr ungleichmäßig verteilt sein, worauf auch bei der Entnahme von Spänen zu Analysen Rücksicht zu nehmen ist. Ein gleichmäßig verteilter Schwefel- oder Phosphorgehalt ist viel weniger schädlich, Phosphorgehalt bis zu einem gewissen Grad sogar für die Widerstandsfähigkeit gegen Abnutzung förderlich.

Beschaffenheit und Fehler der Gußblöcke. Das fertige Flußeisen bzw. der Flußstahl wird zum Zwecke der Weiterverarbeitung zu Walz- und Schmiedestücken zunächst aus der Gußpfanne in gußeiserne Formen, Kokillen gegossen. Die so erhaltenen Gußblöcke werden noch häufig mit dem englischen Wort Ingot bezeichnet. Das Erstarren besteht im Auskristallisieren des Eisens zuerst an den Wänden, wobei sich in einigem Abstand vom Rand leicht ein Blasenkranz bildet. (Fig. 7 stellt einen Querschnitt durch einen derartigen schlechten Gußblock dar, den ich ebenso wie die Originale zu Fig. 9 Herrn Oberstaatsbahnrat Ingenieur Anton von Dormus in Wien verdanke). In dem übrigbleibenden

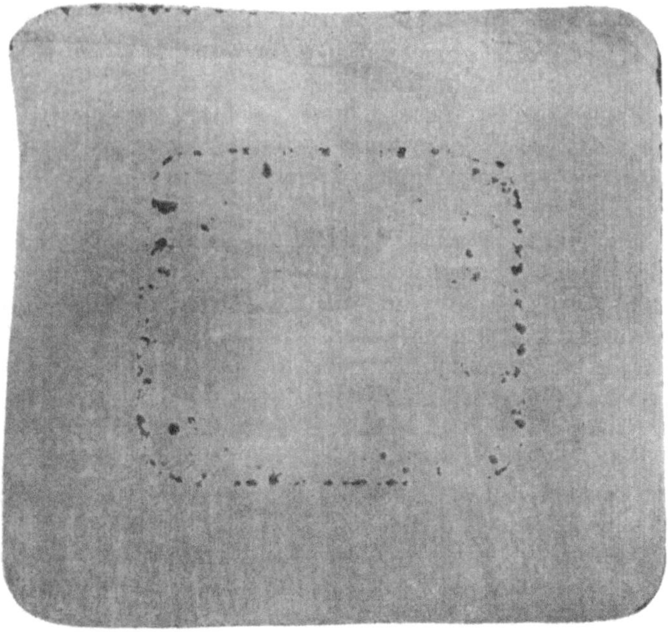

Fig. 7.

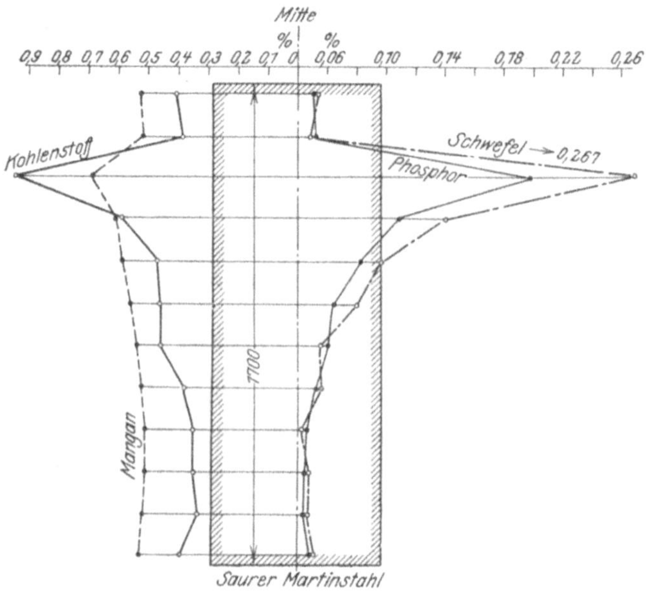
Mitte
%
%
0,9 0,8 0,7 0,6 0,5 0,4 0,3 0,2 0,1 0
0,06 0,10 0,14 0,18 0,22 0,26
Kohlenstoff
Schwefel → 0,267
Phosphor
1100
Mangan
Saurer Martinstahl

Fig. 8.

flüssigen Teil, der zuletzt erstarrt, bleibt der größte Teil der Verunreinigungen (hauptsächlich Schwefel und Phosphor) zurück, auch am meisten Kohlenstoff, Mangan und Silizium, was eine größere Härte und Sprödigkeit an dieser Stelle zur Folge hat. Man nennt diese Erscheinung Seigerung (Fig. 8, die dem Buche von Bauer und Deiß über Probenahme und Analyse von Eisen und Stahl entnommen ist, zeigt nach Talbot die Verteilung in der

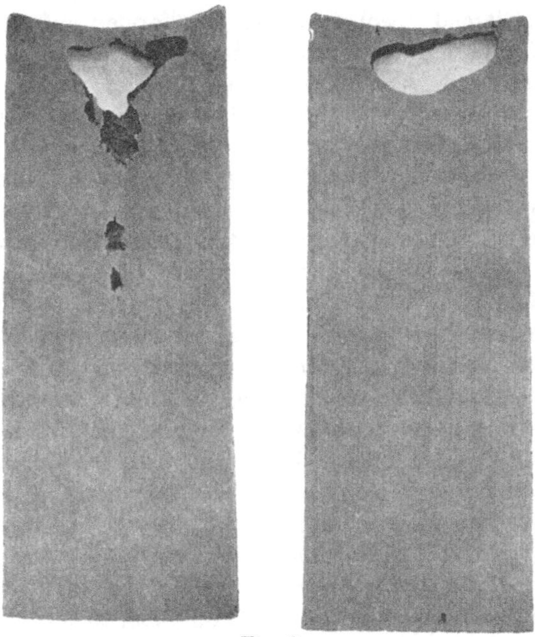

Fig. 9.

Mittelachse eines stark geseigerten Blockes). Durch das Schwinden beim Erstarren pflegt sich auch oben ein Hohlraum, der sogenannte Lunker, zu bilden (Fig. 9 zeigt rechts einen Block mit nach unten verlängertem Lunker, links einen Block mit sehr hoch oben sitzendem d. i. sehr günstig ausgebildetem Lunker). Seigerung, Blasen- und Lunkerbildung lassen sich nie ganz vermeiden. Es darf nur Seigerung und Lunker nicht zu tief heruntergehen und es muß oben, am sogenannten Schopfende, ein genügendes Stück abgeschnitten werden.

Feine Risse an der Außenseite pflegen nur bei Qualitätsmaterial und bei Schmiedestücken, bei welchen sie sich beim Schmieden öffnen können, eine Rolle zu spielen. Sie müssen dann durch Ausmeißeln oder dergl. vor der Weiterverarbeitung entfernt werden, bei besonders wichtigem Material werden sie mitunter durch Ätzung mit Säure sichtbarer gemacht, bei runden Gußblöcken auch durch Überdrehen entfernt. Beim Guß von oben (man gießt neuerdings immer häufiger „steigend“ oder „kommunizierend“, wobei mehrere Gußformen auf einer Platte aufgebaut sind und das Eisen durch ein gemeinsames Eingußrohr eingegossen und den einzelnen Gußformen durch feuerfeste Kanäle von unten zugeführt wird; doch hat auch diese Gußart ihre Nachteile infolge der Notwendigkeit heißeren Gießens) kommen noch verspritzte Eisenteilchen an den Außenwänden dazu, die ebenfalls entfernt werden sollen.

Mittel zur Einschränkung der Gußfehler. Ein einfaches und wirksames Mittel ist das Aufsetzen eines Rohrstückes aus feuerfestem Material auf die Gußform als oberster Teil derselben; durch die geringere Wärmeableitung der feuerfesten Form bleibt der oberste Teil am längsten flüssig, kann nachsinken und dadurch Lunkerbildung verhindern, jedenfalls rücken Lunker und Seigerung höher nach oben. Es gibt auch Verfahren, besonders für größere Blöcke, bei welchen das Flüssigbleiben des oberen Teils durch Heizung oder durch eine Stichflamme erreicht wird, es ist dann ganz erstaunlich, um wieviel das flüssige Eisen nachsinkt. Es gibt auch verschiedene Zusätze, die durch Desoxydierung und dergl. verbessernd wirken. So wird viel Ferrosilizium als „Dichtungsmittel“ teils im Ofen, teils in der Pfanne und mitunter Aluminium (letzteres nur in ganz geringen Mengen) als „Beruhigungsmittel“ unter Umständen erst in der Gußform zugesetzt. Auch Titan hat ähnliche Wirkungen wie Aluminium.

Pressen in flüssigem Zustand (Harmet-Verfahren). Dieses Hilfsmittel wurde schon von Bessemer und Whitworth versucht, neuerdings von Harmet ausgebildet. Nach diesem französischen, auch viel in anderen Ländern angewendeten, schon bald ablaufenden Patent wird in der (nach oben konisch verlaufenden) Gußform von oben und von unten durch eine hydraulische Presse ein Druck auf das flüssige Eisen ausgeübt und dieses dadurch gegen die Wandungen der Gußform gepreßt.

Dadurch wird der Gasaustritt aus dem flüssigen Metall verhindert, und es können lunker- und blasenfreie und durch die gleichmäßigere Erstarrung angeblich auch weniger geseigerte Blöcke erzeugt werden. Es wird sogar angegeben, daß die — ziemlich bedeutenden — Kosten der hierfür erforderlichen Einrichtungen durch Verminderung von Ausschuß und durch Verwendbarkeit der ganzen Blöcke bis oben hereingebracht werden können.

Innere Beschaffenheit der fertigen Stücke. Die Ungleichmäßigkeiten im Gußblock werden bei der Verarbeitung und beim Verwalzen ausgestreckt, bleiben aber bestehen, so daß man selbst an Drähten, wenn sie nicht aus sehr gleichmäßigem Material erzeugt sind, durch Ätzen noch die schlechte Kernpartie von der guten Randpartie unterscheiden kann. Die Blasen und der Lunker werden beim Walzen oder beim Schmieden geschlossen (nahe an der Oberfläche liegende Blasen allerdings hierbei geöffnet), wenn dies bei hinreichend hoher Temperatur erfolgt, können aber bei der Bearbeitung und im Betrieb wieder aufgehen. Neben den eigentlichen Seigerungen kommen oft auch an vereinzelten Stellen die sogenannten Härteadern vor, das sind örtlich geseigerte und dadurch härtere, beim Walzen oder Schmieden ausgestreckte Partien oder auch nur unregelmäßige, mehr oder weniger fein verteilte Einschlüsse, die meist als Schlackeneinschlüsse bezeichnet werden. Die Natur dieser Einschlüsse ist noch nicht ganz klargestellt, bei basischem Material scheint es sich in vielen Fällen um Mangan-Schwefelverbindungen zu handeln. Derartige Härteadern können bei Zerreißproben die Dehnung der übrigen Teile nicht mitmachen und werden, falls sie an den Probestäben außen liegen, durch charakteristische Querrisse sichtbar. Die Gesamtdehnung wird hierdurch nur wenig beeinflußt, dagegen ist es ganz auffällig, in welchem Grad sich Seigerungen und Härteadern durch Hinderung der Einschnürung an der Bruchstelle bemerkbar machen. Die Kontraktion ist infolgedessen — was viel zu wenig beachtet wird — bei Flußeisen und Flußstahl ein viel zutreffenderes Qualitätsmerkmal als die Dehnung. Bei Profilen von geringer Stärke, so besonders bei Winkeln und Trägern, sind die Seigerungen und Härteadern schon faserförmig ausgewalzt und in der Regel weniger schädlich.

Gefahren der Ungleichmäßigkeit. Flußeisen und Flußstahl sind außen fast immer gut, die Fehler liegen nach dem Vorgesagten meist innen und werden dann gefährlich, wenn sie bei der Bearbeitung angeschnitten werden, und besonders wenn das (z. B. im Zapfenansatz einer Eisenbahn-Schraubenkuppelmutter oder einer Kurbelachse) zugleich in einer einspringenden Ecke (vgl. S. 9) geschieht. Bei einer Dehnung oder Biegung, die die anderen Partien noch ganz gut aushalten, können die harten geseigerten Stellen, Härteadern oder Einschlüsse nicht mehr folgen und reißen ein, worauf dann derBruch weitergreift[1]).

Erkennen der Fehler an fertigen Stücken. Bei Stangen ist das einfachste Mittel, starke Seigerungen und Härteadern zu erkennen, die schon erwähnte einfache Form der Kerbschlagprobe mit einem auf die Hälfte eingesägten Stück, das in diesem Fall unter Schlag leicht bricht. Lunker lassen sich durch Spalten und Umbiegen der gespaltenen Enden in rotwarmem Zustand (Hörndlprobe, Fig. 6) erkennen, wenn diese am rohen oder nur ganz wenig ausgeschmiedeten Walz- oder Schmiedestück (nicht, wie vielfach üblich, an stark heruntergeschmiedeten Stangen, welche hierdurch bereits eine wesentliche Verbesserung erfahren haben) ausgeführt wird. Noch einfacher ist das Abschneiden einer nicht zu hohen Scheibe von der zu untersuchenden Stange, Einsägen dieser Scheibe auf etwa die Hälfte der Höhe und Spalten durch Eintreiben eines keilförmigen Werkzeuges, wobei sich jeder Fehler im Längsbruch zeigt; bei Stahl kann man ohne Einsägen durch Härten ähnliche Wirkungen erzielen. Da das Schopfende der Gußblöcke soviel schlechter ist als das Fußende, kann es leicht vorkommen, daß bei Stücken aus derselben Lieferung und aus derselben Schmelzung nur die aus den Schopfenden stammenden schlecht, alle anderen dagegen gut sind.

Gegen Lunker in Achsen und Zapfen schützt man sich insbesondere im Lokomotiv- und Schiffsmaschinenbau mitunter

---

[1]) Bei Formgebung durch Schmieden oder Schmiedepressen (wie auch bei Stahlguß) ist die Gefahr eines Anschneidens der Innenpartien auch bei nachfolgender Bearbeitung durch schneidende Werkzeuge viel geringer. Dieser große Vorzug — ganz abgesehen von der Materialverbesserung, welche das Schmieden und insbesondere das Schmiedepressen mit sich bringt — wird viel zu wenig beachtet.

dadurch, daß die ganzen Stücke durchgebohrt werden und die Bohrung blank geschlichtet oder poliert wird. Wenn auf die eine Seite ein Licht oder bei Tageslicht ein Handspiegel gehalten wird, kann man von der anderen Seite die kleinste Ungänze am Umfang der Bohrung wahrnehmen (Fig. 10). Die

Fig. 10.

Bohrung darf aber nicht zu klein sein, da man sonst nicht sicher ist, den Lunker, der auch exzentrisch liegen kann, anzuschneiden. Mitunter wird auch, nach einem manchmal bei Geschützen angewendeten Vorgang, die Zerreißprobe aus dem ausgebohrten Bohrkern, der „Seele", genommen (zu diesem Zweck darf mit nicht zu kleinem Durchmesser hohlgebohrt werden, damit der Kern noch den erforderlichen Durchmesser hat, z. B. bei 50 mm Bohrungsdurchmesser 20 mm Kerndurchmesser).

Ein einfacheres Mittel zum gleichen Zweck besteht darin, eine Achse auf beiden Seiten einzustechen (oder bereits beim Schmieden „abzusetzen"), bis die Endstücke mit der Achse nur noch durch einen schwachen Zapfen verbunden bleiben. Wenn dann die Endstücke abgebrochen werden, ist jede etwa im Bruch vorhandene Spur eines Lunkers deutlich zu erkennen. Auch auf einer gut geschlichteten oder gefrästen Stirnfläche, z. B. bei Schienen, sind Lunker bei aufmerksamer Beobachtung und guter Beleuchtung — nötigenfalls mittels eines kleinen Taschenspiegels — deutlich erkennbar.

Bekannt ist auch die Erkennung vermuteter Blasen und Risse dadurch, daß in Richtung derselben ein Meißelspan genommen wird, an dem auf der glatten Abtrennungsfläche leicht festgestellt werden kann, ob er sich spaltet.

Nachweis von Seigerungen. Das älteste Verfahren hierfür war die schon zur Zeit der französischen Revolution für Waffenfabrikation angewendete Ätzung mit verdünnter Salzsäure, und es ist das Verdienst von A. v. Dormus (Wien), schon vor vielen Jahren auf diese Weise die Unterscheidung in die (gute) Randpartie und (schlechte) Kernpartie und den Zusammenhang der so nachweisbaren Fehler mit Brüchen im Betriebe gezeigt zu haben. Vor einigen Jahren (1905) hat Heyn mit der Ätzung zugleich eine Färbungsreaktion auf bestimmte Bestandteile verbunden und sie dadurch zu einer Art qualitativer Analyse ausgebildet, welche sehr weitgehende Aufschlüsse über Verteilung und Art der Seigerungen auch in fertig bearbeiteten Stücken geben kann und deshalb in wenigen Jahren ein unentbehrliches Hilfsmittel der Materialprüfung geworden ist.

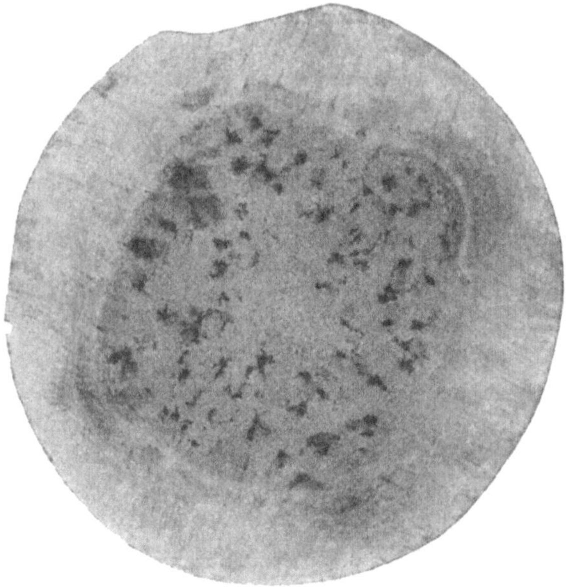

Fig. 11.

Phosphorreiche Stellen können nach dem Verfahren von Heyn an polierten Schliffen durch Ätzung mit Kupferammoniumchlorid (Lösung in Wasser 1 : 12) infolge der auftretenden Braunfärbung (nicht zu verwechseln mit der Dunkelfärbung der stärkstdeformierten Stellen) deutlich sichtbar gemacht werden. Schwefelreiche Stellen werden nach Heyn und Bauer durch Schwarzfärbung eines auf das Eisen aufgelegten weißen Seidenläppchens beim Befeuchten mit Quecksilberchlorid und Salzsäure sichtbar gemacht, wobei phosphorreiche Stellen gelbe Flecken ergeben. Eine der ersten lehrreichen Anwendungen der Kupferammoniumchloridätzung durch Heyn zeigt Fig. 11, welche dem schon erwähnten Buche von Bauer und Deiß entnommen ist, am Querschnitt einer gebrochenen Pleuelstangenschraube.

Durch dieses Verfahren kann man auch Aufschlüsse für die chemische Analyse bekommen (Durchschnittsanalysen, welche aber nach Vorstehendem nur teilweise Aufschluß geben, dürfen

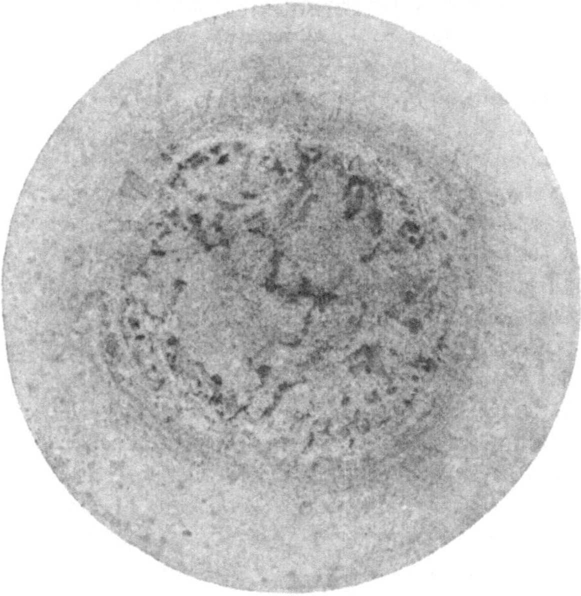

Fig. 12.

nur vom ganzen Querschnitt gemacht werden). Heyn hat bei Biegeproben mit kleinen eingekerbten Stäbchen gezeigt, daß Stäbchen, die aus den geseigerten Partien herausgearbeitet sind, beim ersten Versuch einer Biegung brechen, während solche aus der guten Randpartie von weichem Material, wie Kesselblechen, beispielsweise je zweimaliges Biegen und Zurückbiegen um 90° im Schraubstock aushalten (vgl. hierzu S. 10, Kerbschlagprobe). Ebenso hat Heyn durch Ätzung des Längsschnittes von Zugprobestäben nach dem Bruch gezeigt, daß die phosphor- (bzw. schwefel-) haltigen Stellen genau den Härteadern (s. oben: Innere Beschaffenheit) entsprechen.

1906 hat Baumann ein sehr einfaches Verfahren für Schwefelnachweis angegeben, welches darin besteht, ein in verdünnter Schwefelsäure getränktes Stück Bromsilberpapier auf blankgefeiltes Eisen aufzulegen und dann in ein photographisches Fixierbad einzutauchen. Die schwefelreichen Stellen bilden sich schwarz auf dem Bromsilberpapier ab (ein derartiger besonders gelungener „Schwefeldruck", welchen ich Herrn Joh. Thürridl von den Österreichischen Siemens-Schuckert-Werken verdanke, von einer sehr schlechten Thomasstahlachse herrührend, ist in Fig. 12 wiedergegeben). Hierbei können allerdings phosphor- und schwefelreiche Stellen nicht streng unterschieden werden, da ein Phosphorgehalt ebenfalls eine Dunkelfärbung bewirkt; die Probe hat aber andererseits viele Vorteile, insbesondere für praktische Zwecke, bei denen es meist nur auf die Feststellung der Seigerungen überhaupt ankommt, oder auch oft nach Rohmaterial und Erzeugungsweise von vornherein bekannt ist, ob vorwiegend Schwefel- oder Phosphorseigerungen zu erwarten sind.

Tiegelstahl. Tiegelstahl wird durch Umschmelzen von Stahl oder bloßes Weitererhitzen von fertigem flüssigen Stahl in Tiegeln von meist 50 kg Inhalt erzeugt. Der Vorteil ist, daß durch das lange Stehen im flüssigen Zustand unter Luftabschluß die im Stahl enthaltenen Gase und Schlackenteilchen (vgl. S. 37, Innere Beschaffenheit) Zeit haben zu entweichen, so daß der Stahl blasenfreier und gleichmäßiger wird. Am Aussehen und durch Proben kann man aber Tiegelstahl nur außerordentlich schwer von anderem Stahl unterscheiden.

Elektrostahl. Die elektrische Stahlerzeugung, welcher nach Ansicht vieler die Zukunft gehört, hat bisher nur als Veredelungsverfahren Bedeutung gewonnen. Flußeisen oder Flußstahl aus dem Martinofen oder der Birne kann in ähnlicher Weise wie im Tiegel im elektrischen Ofen unter Luftabschluß flüssig erhalten werden; infolge der höheren Temperatur und größeren Flüssigkeit der Schlacke scheinen die chemischen Reaktionen viel intensiver vor sich zu gehen und eine stärkere Verschlackung der Verunreinigung — bei gleichzeitig vollständigerem Aufsteigen der Schlackenteilchen (vgl. oben) infolge der Dünnflüssigkeit — möglich zu machen; insbesondere soll eine weitgehendere Entschwefelung und Entphosphorung als bei anderen Verfahren stattfinden, was auch die Möglichkeit der Verwendung unreineren Ausgangsmaterials gibt. Das Elektrostahlverfahren arbeitet schon durch die größeren Einheiten (die kleinsten Elektroöfen pflegen 2—4 t zu enthalten, es sind aber auch schon solche von 15 und selbst 20 t in Betrieb) billiger als das Tiegelverfahren und könnte dadurch dem Bedürfnis nach einem Material, das bei mäßigem Aufpreis bessere Eigenschaften hat als das im Massenbetrieb erzeugte, entsprechen. Eine gewisse Vorsicht ist nur insofern am Platz, als der Prozeß dort, wo er noch nicht lange eingeführt ist, noch nicht beherrscht zu werden pflegt.

Spezialstahl. Man bezeichnet als Spezialstahl, Sonderstahl oder legierten Stahl solchen Stahl, welcher seine Haupteigenschaften der Gegenwart eines oder mehrerer Elemente neben Kohlenstoff verdankt. Die Einwirkung solcher Elemente, wie insbesondere Nickel, Chrom, Wolfram, Vanadium usw., ist in den letzten Jahren sorgfältig erforscht worden, und die steigenden Anforderungen der militärischen, der Motoren-, Automobil- und Flugtechnik bewirken eine immer steigende Anwendung. Die Wirkung dieser Zusätze besteht in einer Erhöhung der Zähigkeit, bei harten Stählen in einer Erhöhung der Widerstandsfähigkeit gegen Stoß, gegen wiederholte Belastungen und in verletztem Zustand. Am meisten verwendet wird Nickel (36 proz. Nickelstahl, „Invar“, d. i. unveränderlich genannt, hat die merkwürdige Eigenschaft, bei Erwärmung sich fast nicht auszudehnen; 25 proz. Nickelstahl ist unmagnetisch und findet bei Kriegsschiffen für die Türme, in welchen die Bussole aufgestellt ist, Verwendung; für Konstruktionsteile wird meist Stahl mit viel niedrigerem Nickelgehalt — meist 1 bis 5 %, doch ist auch der gleichzeitige Kohlenstoffgehalt wesentlich — verwendet), ferner Chrom, das bei geringerer Zusatzmenge und dadurch mit geringeren Kosten eine ähnlich verbessernde Wirkung hat, sehr viel auch Kombinationen wie Chromnickel-, Chromnickelvanadiumstahl usw. Derartig legierte Stähle werden auch insbesondere für Veredelung durch Wärmebehandlung erzeugt, da die Veredelungswirkung weit intensiver ist und sich auch weiter ins Innere erstreckt als bei gewöhnlichem Kohlenstoffstahl; so auch für die später zu besprechende Einsatzhärtung. Auf diese Weise können Festigkeiten von weit über 100 kg/qmm bei hoher Elastizitätsgrenze und noch immer sehr hohen Kontraktions- und auch Dehnungswerten und sehr hoher „Kerbzähigkeit" (vgl. S. 10/11) erreicht werden. Zur Erhöhung der Härte und Widerstandsfähigkeit gegen Abnutzung wird ein höherer Mangangehalt gegeben, und es können derartige Stähle so hart sein, daß die Bearbeitung große Schwierigkeiten verursacht und deshalb die härtesten Sorten durch Guß oder Schmieden im Gesenk auf ihre endgültige Form gebracht werden.

Hochwertiger Stahl. Als „hochwertigen Stahl" (unter Umständen auch „hochwertiges Flußeisen") pflegt man neben dem eigentlichen Spezialstahl auch solchen zu bezeichnen, der ohne eine besonders verschiedene Zusammensetzung bzw. ohne Legierung mit kostspieligen Zusätzen besonders gute Eigenschaften aufweist und dadurch (vergleiche das bei Festigkeit und Zähigkeit S. 5 Gesagte) erlaubt, härtere Sorten zu verwenden. Als solcher ist auch der bereits genannte Elektrostahl und Harmet-Stahl aufzufassen. Aus derartigem hochwertigen Stahl fängt man, nachdem man schon seit einigen Jahren hierfür nach amerikanischem Muster Nickelstahl verwendet, gegenwärtig an, Brücken ganz oder teilweise zu bauen. Bei Brücken großer Spannweite liegt bekanntlich die Hauptbeanspruchung im Eigengewicht, und man kann durch jedes am Eigengewicht ersparte Kilogramm das Mehrfache am gesamten Konstruktionsgewicht ersparen. Auch neue Schnelldampfer, z. B. die Lusitania und Mauretania, Torpedoboote und dergl., sind mit Zuhilfenahme solchen meist mit Siliziumzusatz erzeugten Materials gebaut, das durch seine hohe Festigkeit bei gleichzeitig hoher Zähigkeit weit größere Beanspruchungen gestattet. So haben beispielsweise bei den Vorversuchen, auf Grund welcher in England die Bewilligung zur Verwendung „hochwertigen Stahls" im Schiffbau erteilt wurde, Schiffshautbleche die Explosion von Dynamitpatronen bei starker Einbeulung ohne Bruch ausgehalten. Zu beachten ist nur, daß infolge der geringen Verschiedenheit des Elastizitätsmoduls bei den verschiedenen Eisen- und Stahlgattungen die Formänderung (Durchbiegung) nur von den Dimensionen und nicht von der Stahlgattung abhängt und mitunter ein Hindernis für die Verminderung der Dimensionen bilden kann. Bei der Lusitania und Mauretania ist beispielsweise nur der mittlere obere Teil des Schiffskörpers aus hochwertigem Stahl, wobei bereits eine wesentliche Verringerung an Eigengewicht und dementsprechend Vermehrung an Nutzlast erreicht ist, durch welche die Mehrkosten reichlich aufgewogen werden.

Zweifellos besteht für viele Zwecke, und zwar außer für Kriegs-, Automobil- und Flugtechnik auch schon für viele Massenverbrauchszwecke (Radreifen, Schienen in Krümmungen und dergl.), ein Bedürfnis nach einem Material mit besseren Eigenschaften, und es dürfte sich die Scheidung zwischen Massen- und Qualitätsmaterial-Erzeugung immer mehr ausbilden. Wenn der Mehrpreis des Qualitätsmaterials nicht zu hoch ist, wird er sich in sehr vielen Fällen entweder durch Gewichtsersparnis oder durch längere Lebensdauer der betreffenden Konstruktionsteile (bei Abnutzung oder dergl.) bezahlt machen. Die Qualitätsstahl-Industrie kann noch neue und große Absatzgebiete finden, wenn sie diesen Mehrpreis in mäßigen Grenzen hält und durch geeignete Materialproben den höheren Gebrauchswert ihres Materials nachweist[1]).

Stahlguß. Stahlguß (genauer Stahlformguß) wird in ähnlicher Weise wie Eisenguß in Formen aus feuerfestem, bei hoher Temperatur getrocknetem, eigentlich schon gebranntem Material gegossen und ist in sehr vielen Fällen, da seine Festigkeit unter 50 kg/qmm liegt, eigentlich Flußeisenguß (Flußeisenformguß). Er wird häufig als basisches Martinflußeisen direkt aus dem Martinofen gegossen, vielfach, und zwar insbesondere härteres Material aus dem saueren Martinofen, teilweise auch aus kleinen Bessemerbirnen („Kleinbessemerei"). Stahlguß ist bedeutend fester und zugleich zäher als Gußeisen. Er hat ein fast doppelt so großes Schwindmaß als Gußeisen (1/50 bis 1/70) und muß des-

---

[1]) Verfasser hat diesen Standpunkt in einem dem VIII. Internationalen Eisenbahnkongreß in Bern 1910 erstatteten Bericht „Über Verwendung von Spezialstahl hoher Festigkeit zur Herstellung einzelner Teile der Betriebsmittel" eingehender dargelegt und von dem gleichen Gesichtspunkt aus im Österreichischen Verband für die Materialprüfungen der Technik die Ausarbeitung eigener Lieferungsbedingnisse für hochwertige Materialien angeregt. Es ist zu beachten, daß in diesem Falle der Erzeuger — nicht wie sonst der Abnehmer — ein Interesse daran hat, die Leistungsfähigkeit des Materials durch schärfere Proben zu erweisen.

In England besteht bereits neben der Börsennotierung für gewöhnliches Stabeisen eine solche für eine bessere, höher bewertete Qualität, welche als „markiertes Stabeisen" bezeichnet wird.

halb, damit keine Fehler oder inneren Spannungen entstehen, ohne große Querschnittsunterschiede ausgeführt sein und sehr große Aufgüsse (verlorene Köpfe) bekommen, sowie nach dem Guß lange und sorgfältig ausgeglüht werden.

Bei Stahlguß ergeben sich ganz dieselben Unterscheidungen, wie sie in den Abschnitten über Flußeisen und Flußstahl gemacht wurden, und es nimmt dementsprechend die Bedeutung der Spezialstahle (insbesondere des harten Manganstahles) auch bei Stahlguß immer mehr zu. In manchen Werken wird auch noch Tiegelstahlguß erzeugt, und neuerdings mit der steigenden Verwendung elektrischer Öfen Elektrostahlguß.

Stahlguß hat wohl naturgemäß eine geringere Zuverlässigkeit als geschmiedetes oder gewalztes Material, kann aber von guten Stahlgießereien mit Qualitätseigenschaften, die denen geschmiedeten oder gewalzten Materials sehr nahe kommen und ihm am ehesten in der Streckgrenze und „Kerbzähigkeit" (vgl. S. 10) nachstehen, geliefert werden.

Die vom Bundesrat für das Deutsche Reich erlassenen „Allgemeinen polizeilichen Bestimmungen für die Anlegung von Land- und Schiffsdampfkesseln" (vgl. S. 56) gestatten die Verwendung von Formflußeisen für alle nicht im ersten Feuerzuge liegenden Teile der Wandungen.

Auch bei Stahlguß kann durch elektrische oder „autogene" (d. i. mit Sauerstoff und mit Azetylen oder Wasserstoff arbeitende, vgl. S. 19/20) Schmelzverfahren viel geflickt werden, d. h. Löcher ausgefüllt, fehlende Stellen angesetzt und dergl. Hierbei ist zu berücksichtigen, daß derart aufgeschmolzenes Material, welches wie von einer Kerze hineingetropft wird, an sich keine verläßlichen und jedenfalls keine genau bekannten Eigenschaften hat. Dieses eingetropfte oder auch das am Stück selbst geschmolzene Material kann erst durch Hämmern in rotwarmem Zustand verbessert werden, was an manchen Stellen gar nicht oder nicht ausreichend ausführbar ist. Außerdem ist das Zurückbleiben innerer Spannungen, wenn nicht nachher nochmals ausgeglüht wird, unvermeidlich. In Abnahmevorschriften für Stahlguß findet sich häufig die Bedingung, daß derartige Ausbesserungsarbeiten, die an der unbearbeiteten Fläche schwer bemerkbar sind, nur mit Wissen und Zustimmung des Abnahmebeamten ausgeführt werden dürfen.

Einfluß der Temperatur auf die Festigkeitseigenschaften. Mit abnehmender Temperatur nimmt bei Flußeisen und Flußstahl die Festigkeit und damit die Sprödigkeit ein wenig zu, die Dehnung und Kontraktion entsprechend ein wenig ab, doch macht das bis 20° C unter 0° noch sehr wenig aus. Stärker ist der Einfluß der Kälte auf die Widerstandsfähigkeit gegen Stoß. Bekannt ist bei Eisenbahnen das häufigere Auftreten von Schienen-, Radreifen- und selbst Achsenbrüchen in der kalten Jahreszeit, wobei allerdings die Beanspruchungen mitwirken, welche bei plötzlichen Temperaturänderungen entstehen können (Verkürzung der Schienen zwischen ihren Befestigungsmitteln bei Frost und dergl.), ferner wohl auch die Verstärkung der Stoßwirkungen durch die größere Härte gefrorenen Bodens.

Mit zunehmender Temperatur, bis etwa 200° C, wird ebenfalls die Festigkeit etwas größer, Dehnung und Kontraktion kleiner. Bei 200° C oder etwas darüber pflegt die Sprödigkeit am größten zu sein (vergleiche unten gefährliche Temperaturen). Bei höheren Temperaturen wird wieder die Festigkeit geringer, die Dehnung und Kontraktion größer, und zwar um so mehr, je länger die Erwärmung gedauert hat, bis zuletzt das Metall bei Schmiedetemperatur ganz bildsamen Zustand annimmt.

Gefährliche Temperaturen. Blaubruchprobe. Flußeisen ist bei den Temperaturen zwischen 200 und 450° C (hellgelbe Anlauffarbe bis Beginn des Glühens) sehr empfindlich, am bekanntesten ist die Empfindlichkeit bei der Temperatur, welche bei blauer Anlauffarbe herrscht, der sogenannten Blauwärme. Diese Erscheinung wird Blaubrüchigkeit genannt und äußert sich darin, daß z. B. Kesselbleche, welche bei dieser Temperatur gebördelt, gebogen oder nur stellenweise mit dem Hammer bearbeitet werden, dadurch außerordentlich spröde werden und später bei ganz geringfügigen Beanspruchungen brechen; gleichmäßige Beanspruchung der ganzen Stücke, wie Pressen, Geraderichten zwischen Rollen oder dergl., scheint ohne schädlichen Einfluß zu sein.

Die Blaubrüchigkeit ist bei verschiedenen Flußeisensorten verschieden stark, bei manchen — so nach Untersuchungen von Charpy bei gewissen Chromnickeleisensorten — gar nicht vorhanden.

Eine nützliche Verwendung findet die Eigenschaft der Blaubrüchigkeit bei der seinerzeit von Kerpely-Schemnitz eingeführten Blaubruchprobe, bei der ein rotwarm eingekerbtes Stück durch Abkühlen auf Blauwärme (bis ein Feilstrich blaue Farbe behält) gebracht und dann abgebrochen wird, wobei im Bruch alle Inhomogenitäten des Materials zum Vorschein kommen.

Feuerbehandlung. Flußeisen wird nach Heyn, der diese Verhältnisse mittels des auf S. 41 unten erwähnten einfachen Verfahrens eingehend untersucht hat, durch längere Erwärmung auf mehr als 1000° C überhitzt, bekommt dann grobkristallinisches Gefüge und wird spröde; diese Überhitzung kann durch kurzes Glühen bei etwas über 900° oder durch mehrtägiges Glühen bei Temperaturen zwischen 700 und 800° oder auch durch Schmieden bei richtiger Temperatur wieder beseitigt werden. Bei Erhitzung bis nahe zum Schmelzpunkt wird das Material „verbrannt“ und kann nicht wieder auf den früheren Zustand zurückgebracht werden.

Stahl verhält sich ähnlich, ist nur etwas empfindlicher und kann insbesondere wegen seines niedrigeren Schmelzpunktes leichter „verbrennen“, wenn er unter Luftzutritt bis zum Funkensprühen erhitzt wird, was sich außer durch Härte und Sprödigkeit auch durch harte Knötchen an der Oberfläche (Hartkörner) und im Bruch durch kleine glitzernde Punkte äußert. Verbrannter Stahl ist ebenso wie verbranntes Flußeisen ganz verdorben.

Eine andere Gefahr für Stahl ist zu langes oder zu häufiges Erhitzen bei Luftzutritt, wodurch der Stahl „absteht“, das heißt an der Oberfläche seinen Kohlenstoffgehalt verliert und weich wird. Abgestandener Stahl kann nur durch Glühen in Holzkohle oder einem Einsatzmittel (vgl. später Einsatzhärtung) in unvollkommener Weise regeneriert werden. Das Abstehen des Stahles läßt sich verhindern, wenn man beim Erhitzen den Luftzutritt möglichst abhält. Bei komplizierteren Schmiedestücken aus Stahl ist reichliche Zugabe zweckmäßig, um die Oberflächenschichte bei der Bearbeitung entfernen zu können.

Richtiges Ausglühen und langsames Auskühlenlassen ist bei Schmiedestücken, insbesondere aus Stahl, zur Beseitigung der inneren Spannungen von großer Bedeutung.

Schweißbarkeit. Von den Flußeisensorten ist am besten schweißbar das ganz weiche Flußeisen, etwas schwerer die mittelharten Sorten. Für die gewöhnliche Handelsqualität wird von den Werken in der Regel Schweißbarkeit nicht garantiert, sie läßt sich aber, sobald die Schmiede an Behandlung von Flußeisen einmal gewöhnt sind, und solange es sich nicht um wichtigere Schweißungen handelt, gewöhnlich ohne Schwierigkeit schweißen. Die Schweißbarkeit wird durch einen gewissen Mangangehalt gefördert, sie läßt sich auch schon beim Guß der betreffenden Schmelzung in die Gußformen an einer merkwürdigen, noch nicht aufgeklärten Oberflächenerscheinung (Wellen, die von den Wänden der Gußform zurückgeworfen zu werden scheinen, ähnlich dem sogenannten „Spiel" an der Oberfläche flüssigen Roheisens) erkennen. Stahl ist, nachdem die Schweißhitze (Gelbglut) bereits sehr nahe an seinem Schmelzpunkte liegt, dem Überhitzen und dem Verbrennen eher ausgesetzt als Eisen, und es muß deshalb auch bei Schweißen von Eisen mit Stahl das Eisen früher als der Stahl ins Schmiedefeuer eingelegt werden.

Autogenes Schweißen und Schneiden. Für autogene Schweißung gilt das bei Stahlguß (S. 46) hierüber Gesagte. Schweißen von im Betrieb gebrochenen Stücken sollte nur dann vorgenommen werden, wenn der Bruch nicht durch irgendwie stärker beanspruchte Stellen geht.

Das Schneiden mit autogener Flamme findet wegen seiner technischen und wirtschaftlichen Vorteile zum Zerkleinern und zum Abbruch großer Stücke, zum Abtrennen von Eingußtrichtern und verlorenen Köpfen in der Gießerei, sowie zum Zerschneiden von Blechen in großem Umfange Anwendung und ist auch in vielen Fällen unbedenklich. Immerhin empfehlen Bach und Baumann auf Grund umfangreicher Versuche, welche trotz teilweise günstiger Ergebnisse die Möglichkeit einer Veränderung der geschnittenen Kanten (Kohlung bei Azetylenüberschuß, Oxydation bei Sauerstoffüberschuß in der Flamme) erwiesen haben, bis auf weiteres die geschnittenen Ränder so weit zu bearbeiten, daß die vom autogenen Schneiden betroffene Schichte zuverlässig entfällt.

Funkenprobe. Ein einfaches, in jeder Werkstätte anwendbares Verfahren zur Unterscheidung und Identifizierung verschiedener Eisen- und Stahlsorten ist die neuerdings von Bermann-Budapest ausgebildete Funkenprobe. Ein Stück der zu untersuchenden Eisen- oder Stahlsorte wird im Dunklen schräg an die Stirnfläche einer umlaufenden Schmirgelscheibe gehalten. Die hierbei entstehenden Funken zeigen je nach der Höhe des Kohlenstoffgehaltes im Eisen oder Stahl deutliche Unterschiede in der Verästelungsweise und lassen auch die meisten anderen Beimengungen durch Unterschiede in Färbung und Form des Funkenbildes deutlich erkennen; durch Vergleichung mit dem Funkenbild von Eisen- und Stahlsorten bekannter Zusammensetzung können hieraus bei einiger Übung ziemlich bestimmte Schlüsse gezogen werden.

Temperaturbestimmung. Zur genauen Bestimmung der Temperaturen ist es erforderlich, entweder mit einem Pyrometer, wie sie neuerdings in immer größerer Vollkommenheit erzeugt werden (Thermosäulen oder optische Pyrometer) zu arbeiten oder wenigstens sich mit demselben auf die Schätzung von Temperaturen einzuüben, wodurch richtige Schätzungen bis auf kleine Fehler möglich sind. Eine ungefähre Bestimmung ist mit den in der keramischen Industrie allgemein verwendeten Segerschen Kegeln möglich, welche jeder bei einer anderen (für die verschiedenen Kegel um kleine Intervalle verschiedenen) Temperatur weich werden und zusammensinken, doch setzt dies, wenn man nicht zu viele Kegel verbrauchen will, voraus, daß man das in Betracht kommende Temperaturgebiet bereits ungefähr abgrenzen kann. Neuerdings werden für Metalle ähnliche Körper (Brearleys' „Sentinels“) für die beim Härten, Anlassen und Glühen in Betracht kommenden Temperaturbereiche in den Handel gebracht. Am genauesten, bis auf wenige Grade gleichmäßig, kann die Temperatur (z. B. für Härtungszwecke) in den neuen elektrischen Öfen mit Salzbad in Verbindung mit einem Pyrometer eingestellt werden, doch kommen solche Öfen wegen der hohen Anlagekosten nur für starken Betrieb in Betracht.

Wie aus dem Gesagten hervorgeht, ist es außerordentlich wichtig, die Temperaturen, wenn schon nicht messen, so doch bis zu einem gewissen Grad schätzen zu können. Hierzu bieten die Anlauf- und Glühfarben sehr nützliche Anhaltspunkte.

Anlauffarben. Die Anlauffarben entstehen durch Bildung von dünnen Oxydschichten. Man kann sie an verzunderten Stücken durch Anfeilen der Oberfläche hervorrufen, wenn man das Stück bis zu schwacher Glut erhitzt und dann abkühlen läßt; der Feilstrich behält dann seine Anlauffarbe. Auch Bruchflächen geben die Anfauffarbe der Temperatur, bei welcher der Bruch erfolgt ist.

Reiser gibt in seinem Buch „Das Härten des Stahles in Theorie und Praxis" folgende Zusammenstellung:

Farbe		Temperatur Grad Celsius zirka	Anlaßfarbe für
	Hellgelb	220—230	Dreh- und Hobelstähle für harten Stahl und Stahlguß, Polierhämmer, Präge- und Preßmatrizen
Gelb bis Braun	Dunkelgelb	240	Dreh-, Hobel- und Bohrstähle für Stahl und Gußeisen, Reibahlen, Sägen und Fräser für Metalle, große Handhämmer, Schneidstanzen, Stiftenbacken
	Gelbbraun	255	Schraubenschneidbacken, kleine Handhämmer, Stoßmesser
	Braunrot	265	Gewindebohrer, Spiralbohrer, Rasiermesser, Locheisen für Leder
	Purpurrot	275	Dreh-, Hobel- und Bohrstähle, Gewindeschneidzeuge für Eisen und Messing, Meißel für Holz, Stempel für Kaltlochen von Metallen, Feilenhauermeißel
Rot bis Violett	Violett	285	Handmeißel für Stahl, Schellhämmer, Fassonmesser für Holz, Fräser für hartes Holz, Steinmeißel und -bohrer, Markierhämmer für Stahl, Schrotmeißel u. Kronbohrer, Warmlochstempel, Schermesser und Durchschläge, Papierschneidmesser, Federmesser, Körner
	Kornblumenblau	295	Handmeißel für Gußeisen, Schrotmeißel für warme Metalle, Holzhobeleisen und -bohrer, Holzhacken, Äxte, Beile, feine Holzsägen, Fassonmesser und Fräser für weiches Holz, Tischmesser, Setzstempel für Kesselschmiede, Sensen
Blau bis Grau	Hellblau	315	Handmeißel für Schmiedeeisen, Holzsägen, chirurgische Instrumente, Schusterahlen, kleine Federn
	Grau (Meergrün)		Manche Arten von Sensen

Glühfarben. Die verschiedenen Angaben über die den einzelnen Glühfarben entsprechenden Temperaturen weichen stark voneinander ab.

Bei Benutzung teils der Angaben von Reiser, teils der für die Behandlung der Böhlerstähle gemachten Angaben ergibt sich folgende Zusammenstellung:

Bezeichnung	Grad Celsius
Beginn des Glühens (nur im Dunkeln sichtbar) . . .	470
Dunkelbraunrot	500
Dunkelrot	550—650
Dunkelkirschrot	700
Kirschrot	750
Hellkirschrot	800
Rotglut	850
Helle Rotglut	900
Orange (Gelbrot)	950
Gelbglut	1000
Helle Gelbglut	1050—1100
Matte Weißglut (Weißgelb)	1200
Weißglut	1300
Helle Weißglut	1500

Neuerdings sind von mehreren Seiten Instrumente in den Handel gebracht worden, die durch Vergleiche mit einer verschiedenfarbig abgeblendeten Lichtquelle eine schärfere Feststellung der Glühfarben gestatten sollen.

Einsatzhärtung. Stücke, die eine glasharte Oberfläche besitzen und dabei doch eine größere Sicherheit gegen Bruch haben sollen als durchaus gehärtete Körper (z. B. Kreuzkopf- und Steuerungsbolzen, auch Treib- und Kuppelzapfen von Lokomotiven, Dampfmaschinen usw.), macht man aus weichem Flußeisen, das in Kohlenstoff abgebende „Härtepulver" eingepackt, geglüht, und dadurch an der Oberfläche verstählt wird; durch Abschrecken (besser erfolgt vorher ein nochmaliges Ausglühen) wird dann die Oberflächenschichte gehärtet, während der Kern Flußeisen bleibt, das keine Härtung annimmt und deshalb weich bleibt. Für manche Zwecke wie Automobilbestandteile wird hierzu auch oft zäher Stahl verwendet, der dann an der Oberfläche mit Kohlenstoff angereichert und entsprechend härter wird. Das Einsetzen erfolgt in eigenen Glühöfen, in denen die einzusetzenden Gegenstände in Härtungspulver (die meist tierische Kohle enthalten, z. B. Lederkohle; Böhler enpfiehlt indessen auch eine Mischung von Holzkohle mit Baryumkarbonat) in Kästen oder Muffen eingepackt und mehrere Tage der Glühhitze ausgesetzt werden. Aus dem Härtungsmittel wandert dann Kohlenstoff in das Eisen und verwandelt die Oberflächenschichte in Stahl. Die Einsatzhärte soll, wovon man sich im Bruch überzeugen kann, 1—2 mm, bei kleinen Stücken bis zu $^{3}/_{4}$ mm tief gehen. Im allgemeinen richtet sich die Tiefe der erreichbaren und wünschenswerten gehärteten Schichte nach Dimensionen und Verwendungszweck. Bei Stücken, bei welchen eine dickere gehärtete Schichte erwünscht ist, wie z. B. bei Lokomotiv-Treib- und -kuppelzapfen, kann bei guter Einsatzhärtung eine gehärtete Schichte bis zu 5 mm erreicht werden, die dann allmählich in den weicheren Kern übergeht. Die Oberfläche darf durch eine Feile nicht angegriffen werden. Nach dem Einsetzen und Härten müssen die eingesetzten Gegenstände, die schon früher bearbeitet waren, nochmals auf genaue und hochpolierte Oberfläche geschliffen werden. Die Teile, die weich bleiben sollen, müssen durch eine schlecht wärmeleitende Schichte (Lehm mit Drahtumwicklung, Glaserkitt, Asbestleinen) vor der Wirkung des Einsatzmittels geschützt werden. Komplizierte Stücke, wie z. B. Gegenkurbeln von Lokomotiven, die im Kurbelblatt weich bleiben müssen, haben den Übelstand, sich hierbei zu verziehen.

Das Einsatzmittel verliert nach einiger Zeit seine Fähigkeit, Kohlenstoff abzugeben, und wird unwirksam. Wesentlich ist, daß es sich möglichst an den zu härtenden Gegenstand anschmiegt, da die volle Wirkung nur bei Berührung der Oberfläche erfolgt. Für das Vollpacken der Einsatzmuffen an den Stellen, welche nicht mehr an das einzusetzende Stück angrenzen, kann älteres Härtepulver oder gewöhnliche Holzkohle verwendet werden. Bei Einsatzmitteln blüht der Geheimmittelunfug fast ebenso wie bei Kesselsteinmitteln, und es gilt dasselbe, daß die Mittel von unbekannter Zusammensetzung und hohen Preisen meist aus billigen und jedenfalls nicht wirksameren Bestandteilen bestehen.

Die Entwicklung im Automobilbau führt dazu, daß außer Achsen und Zapfen immer mehr auch andere Teile, z. B. Zahnräder, in Einsatzhärtung hergestellt werden, und immer mehr Spezialmaterial (wie Chromnickelstahl und dgl.) dazu verwendet wird.

Halbfabrikate. Die Gußblöcke werden, wenn sie verwalzt werden sollen, zuerst durch ein sogenanntes Vorblockwalzwerk ausgestreckt und in Stücke zerschnitten, die man Knüppel oder Zaggel nennt, und die dann in der Regel erst von neuem warm gemacht und verwalzt werden. Diese Knüppel oder Zaggel haben abgerundete quadratische oder rechteckige Form, sind entsprechend dem geringeren Arbeitsaufwand billiger und können für Schmiedezwecke direkt verwendet werden. Sie sind außer an den unscharfen Kanten in der Regel auch an dem eigentümlichen gitterförmigen Muster kenntlich, das durch diagonale oder Quer-Riefung der Vorblockwalzen, die das Fassen der Walzstücke erleichtern soll, hervorgebracht ist.

Besser, aber teurer sind naturgemäß unter dem Hammer oder der Presse aus den Gußblöcken ausgestreckte Knüppel oder Zaggel, die dann auch runden Querschnitt haben können. Schwere Schmiedestücke können auch unmittelbar aus den Ingots hergestellt werden, wobei nur auf die Fehler im Schopfende, bei von oben gegossenen Blöcken auch auf Spritzer (vgl. S. 36) zu achten ist.

Stabeisen. Bezüglich der Schweißeisensorten gilt das unter Schweißeisen Gesagte. Bei Flußeisen unterscheidet man gewöhnliche Handelsware und die verschiedenen Übernahmequalitäten, für die gegen Aufpreise bestimmte Festigkeitswerte und in der Regel auch sichere Schweißbarkeit garantiert werden. Manche Werke führen auch eine Qualität mit geringerem Aufpreis, für die keine Festigkeitswerte, sondern nur sichere Schweißbarkeit garantiert wird. Mit Rücksicht auf die Verbesserung durch den Walzprozeß kann Handelsqualität im allgemeinen um so eher verwendet werden, je geringer die Querschnittsabmessungen sind.

Flußeisen hat selten äußere Fehler. Die bereits besprochenen Inhomogenitäten und Härteadern, sowie Lunker kann man durch die auf S. 11 und 38/42 angegebenen Proben erkennen.

Über Rostfiguren an den wie üblich mit Presse gerade gerichteten Stücken gilt das bei Streckgrenze (S. 3) Gesagte, sie sollen nicht zu stark und nicht zu häufig sein. Eisen, das mit Rollenrichtmaschine gerichtet worden ist, hat diese örtlichen Beschädigungen nicht, dafür ist seiner ganzen Länge nach der Hammerschlag (Walzsinter) abgelöst, und dadurch rostet es leichter seiner ganzen Länge nach.

Die Abmessungen können, besonders bei schwächeren Rundeisen, leicht eingehalten werden. Stärkere Abweichungen entstehen infolge der großen Längen, die man in neueren Walzwerken in einem Stück walzt, wodurch der zuerst durch die Walzen gehende Teil sich beim Erkalten viel mehr zusammenzieht und kleinere Abmessungen annimmt. Die Werke nehmen deshalb, wo keine besonderen Vereinbarungen bestehen, ziemlich reichliche Über- und Untermaße in Anspruch, und es empfiehlt sich, bei solchen Profilen, bei welchen stärkere Abweichungen zu Schwierigkeiten bei der Bearbeitung Anlaß geben können, für die Toleranzen besondere Abmachungen zu treffen oder solche Profile bei Werken zu beziehen, welche entweder hierauf größere Sorgfalt verwenden können oder besonders auf die Erzeugung genau gewalzter Rundeisen, „gereeltes Eisen", „Automateneisen" (für die Verarbeitung im Schraubenschneid-Automaten bestimmt), eingerichtet sind.

Eine sehr genaue und reine Oberfläche hat der sogenannte komprimierte, d. h. kalt gewalzte oder gezogene Stahl, welcher insbesondere als Rundstahl ohne weiteres Abdrehen für Transmissionswellen viel verwendet wird. Das Einarbeiten von Keilnuten kann hier, wie Bach nachgewiesen hat, durch einseitige Aufhebung der durch das Kaltwalzen entstandenen inneren Spannungen ein Verziehen zur Folge haben, weshalb sich die Verwendung zweiteiliger keilloser Riemenscheiben empfiehlt.

Für wichtigeres Rundeisen, wie bei leicht reißenden Schrauben (Schrauben unter Dampf, Stehbolzen, Feuerbüchsanker oder dergl.) ist als Sicherheit gegen Verwendung geseigerten Materials die Gewindebindeprobe (S. 8) zu empfehlen.

Für Nieteneisen ist in den „Würzburger Normen", wie in den Deutschen Materialvorschriften (vgl. S. 56 Anm.) bei gleichen Festigkeitsvorschriften wie für die Bleche Fi, Ti (vgl. S. 57 Anm. 1, ausnahmsweise bis 45 bzw. bis 47 kg/qmm) außer der gewöhnlichen und der Hart-Biegeprobe noch die Kaltstauchprobe und die Warmstauchprobe mit darauffolgender Lochprobe vorgeschrieben. Nieteneisen soll nicht stärker, darf dagegen etwas schwächer sein als der vorgeschriebene Durchmesser, und es empfiehlt sich für solche Fälle die Übernahme mit Grenzlehren (eine Seite der Lehre soll noch, die andere darf nicht mehr darübergehen).

Flußeisenbleche. Unterscheidung und Qualitätsanforderungen. Da Schweißeisenbleche in größeren Dicken nicht mehr erzeugt werden, sind Flußeisenbleche (vgl. aber auch S. 57 Anm. 1) heute das einzige in Betracht kommende Kesselmaterial.

Für die Qualitätsanforderungen an Kesselbleche sind die „Würzburger Normen 1905"[1]) maßgebend. Für das Deutsche Reich sind vom Bundesrat im Jahre 1908 „Allgemeine polizeiliche Bestimmungen über die Anlegung von Landdampfkesseln und von Schiffsdampfkesseln" erlassen worden, welchen in je 2 gesonderten Anlagen (um die jeweilige Anpassung an die Fortschritte der Technik von dem umständlichen Gesetzgebungsweg unabhängig zu machen) Material- und Bauvorschriften beigegeben sind. Diese Material- und Bauvorschriften haben den Inhalt und Wortlaut der Würzburger und Hamburger Normen zum überwiegenden Teil übernommen, wodurch allerdings denjenigen Vorschreibungen, welche von diesen Normen abweichen, eine erhöhte Bedeutung zukommt[2]).

---

[1]) A. Grundsätze für die Berechnung der Materialdicken neuer Dampfkessel (Hamburger Normen). B. Grundsätze für die Prüfung von Schweiß- und Flußeisen zum Bau neuer Dampfkessel (Würzburger Normen). Gemäß den Beschlüssen der Delegierten- und Ingenieur-Versammlung des Internationalen Verbandes der Dampfkessel-Überwachungs-Vereine am 17. und 18. Februar 1905 in Amsterdam und am 23. Juni 1905 in Kassel. Neunte umgearbeitete Auflage. Hamburg. Boysen & Maasch 1905.

[2]) Vgl. „Die Grundlagen der Deutschen Material- und Bauvorschriften für Dampfkessel". Von Professor R. Baumann an der kgl. Technischen Hochschule Stuttgart. Mit einem Vorwort von Dr.-Ing. C. von Bach. Berlin. Verlag von Julius Springer 1912.

Diese kleine Schrift ist auf Veranlassung der Deutschen Dampfkessel-Normenkommission (des vom Bundesrat eingesetzten sachverständigen Beirates für die Ausarbeitung, Auslegung und für Abänderungen der Normen) entstanden. Sie enthält neben dem Wortlaut der Vorschriften in einer Anzahl von Anmerkungen zu einzelnen Punkten eine Erläuterung der Voraussetzungen, auf Grund welcher sie entstanden sind, um einer mißverständlichen oder rein mechanischen Anwendung vorzubeugen. Insbesondere sind auch die kritischen Erörterungen zu einigen Punkten, welche sich auf die Erfahrungen der Stuttgarter Materialprüfungsanstalt

Nach den Würzburger Normen, wie nach den Deutschen Materialvorschriften müssen die Bleche je nach ihrer Erzeugungsweise durch ein eingestempeltes F als im Flammofen erzeugtes Material oder durch ein eingestempeltes T als in der Birne (Thomasbirne) erzeugtes Material gekennzeichnet werden.

In den Deutschen Materialvorschriften für Schiffskessel wird eine weitere Unterscheidung als die vorstehende nicht gemacht.

Nach den Würzburger Normen und den Deutschen Materialvorschriften für Landdampfkessel sind für jede Erzeugungsweise zweierlei Stempelbezeichnungen vorgeschrieben, und zwar F I, T I, womit nach den Würzburger Normen Feuerbleche, nach den Deutschen Materialvorschriften für Landdampfkessel Bleche mit einer Festigkeit bis 41 kg/qmm zu bezeichnen sind, und T II, F II, womit nach den Würzburger Normen Mantelbleche, nach den Deutschen Materialvorschriften für Landdampfkessel Bleche mit einer Festigkeit über 41 kg/qmm zu bezeichnen sind[1]).

---

an schadhaft gewordenen Kesselblechen stützen, beachtenswert, nachdem sich die Stuttgarter Anstalt infolge ihrer engen Verbindung mit den Dampfkessel-Überwachungs-Vereinen zu einer Zentralstelle für die Untersuchung derartiger Bleche aus Deutschland und Österreich entwickelt hat.

[1]) Die Bleche F I, T I müssen nach den Würzburger Normen eine Festigkeit von 34 bis 40 kg/qmm bei mindestens 25 % Dehnung und mindestens 62 Summe von Festigkeit und Dehnung besitzen, nach den Deutschen Materialvorschriften für Landdampfkessel 34 bis 41 kg/qmm bei mindestens 28 bis 25 % Dehnung.

Die Bleche F II, T II dürfen nach den Würzburger Normen in der Regel bis 50 kg/qmm Festigkeit bei Dehnungswerten bis mindestens 20 % besitzen, nach den Deutschen Materialvorschriften für Landdampfkessel sind sie noch in zwei Sorten unterteilt, von welchen Sorte II bei 40 bis 47 kg/qmm Festigkeit mindestens 25 bis 20 % Dehnung und Sorte III bei 44 bis 51 kg/qmm Festigkeit mindestens 20 % Dehnung besitzen muß. Die Würzburger Normen sehen bei diesen Blechen ausnahmsweise auch die Zulassung eines Materials mit höherer Festigkeit als 50 kg/qmm, jedoch mit mindestens 20 % Dehnung und besonderen Abnahmebedingungen vor, ebenso die Deutschen Materialvorschriften für Schiffskessel bei Blechen, die nicht im ersten Feuerzuge liegen, unter der Bedingung, daß von jedem Ende eine Zug- und eine Hartbiegeprobe (vgl. S. 59 Anm.) entnommen werden muß.

Die Würzburger Normen schreiben vor, daß aus Mantelblechen nur solche Teile des Kesselmantels gefertigt werden dürfen, welche mit den Feuergasen nicht in Berührung kommen, die Deutschen Materialvorschriften für Landdampfkessel, daß für diejenigen Teile des Kessels, welche gebördelt werden oder im ersten Feuerzuge liegen, nur Bleche der I. Sorte verwendet werden dürfen (vgl. hierzu die Bemerkungen auf S. 63 und 64).

Erprobung und Bezeichnung. Die Proben von den Blechen werden entweder von den gewalzten Platten nach dem Anzeichnen, dagegen vor dem Herausschneiden der aus denselben zu nehmenden Kesselbleche, genommen oder, wie es häufig geschieht, von einem Abschnitt, der beim Herausschneiden des Bleches übrig bleibt. Der erstere Vorgang, der allerdings bei Massenübernahmen schwer durchführbar ist, ist vorzuziehen, weil nur auf diese Weise die Zusammengehörigkeit der entnommenen Probe mit der Platte, teilweise auch noch die Lage der Bleche zum Gußblock, aus dem die Platte gewalzt ist, klar ersichtlich ist[1]).

---

[1]) Nach den Würzburger Normen und den Deutschen Materialvorschriften für Landdampfkessel müssen Bleche, wenn sie — was bei Abnahme als Regel gilt — auf dem Walzwerk geprüft werden, an zwei (laut Würzburger Normen an zwei aneinanderstoßenden) Seiten unbeschnitten bleiben, die beiden anderen Seiten dürfen dagegen beschnitten sein, jedoch nur so weit, daß Probestreifen noch entnommen werden können.

Nach den Würzburger Normen müssen bei Blechen aus Birnenmaterial, bei Schiffskesseln und bei Mänteln aus einem Stück sämtliche Bleche erprobt werden. Bei Flammofenmaterial genügt im allgemeinen die Erprobung von 50 % der Bleche; ausgenommen hiervon sind die in der Nähe des Feuerherdes liegenden Bleche und sämtliche Bleche, deren Mindestfestigkeit 42 kg/qmm oder deren Länge 6,5 m und mehr beträgt.

Die Deutschen Materialvorschriften für Landdampfkessel verlangen ebenfalls bei Blechen aus Birnenmaterial Proben von sämtlichen Blechen (ebenso die Deutschen Materialvorschriften für Schiffsdampfkessel in gleicher Weise wie die Würzburger Normen von sämtlichen Blechen ohne Unterschied der Erzeugungsweise), während bei Flammofenmaterial Bleche, die im ersten Feuerzug liegen, oder die eine höhere Festigkeit als 41 kg/qmm besitzen, sämtlich, dagegen von den übrigen Blechen ebenfalls nur 50 % zu prüfen sind.

Bei großen Blechen verlangen die Würzburger Normen sowie die Deutschen Materialvorschriften eine zweite Probe bei Blechlängen über 4,5 m und sehen in diesem Fall — insoweit nicht durch die für die verschiedenen Blechqualitäten festgesetzten Festigkeitsintervalle (Anm. S. 57) engere Grenzen gesetzt sind — einen zulässigen Unterschied beider Proben in der Festigkeit bis 6 kg/qmm bei Blechlängen bis 5 m, bis 7 kg/qmm bei Blechlängen über 5 m und (nur Würzburger Normen und Deutsche Materialvorschriften für Schiffsdampfkessel) bis 8 kg/qmm bei Blechlängen über 10 m vor.

Außer den Zerreißproben sind vorgeschrieben:

Warmbiegeprobe (vgl. S. 7): 180° Biegewinkel für alle Dicken, nur in den Würzburger Normen.

Längs- und Querproben zeigen, soweit es sich um die üblichen Zerreiß- und Biegeproben handelt, bei guten Flußeisenblechen kaum einen Unterschied.

Jedes Blech soll eine eigene Nummer erhalten, unter welcher die Probeergebnisse eingetragen werden können. Bei Verwendung mehrerer Bleche gleicher Abmessungen muß deshalb auf diese Nummer, neben welcher häufig auch die Schmelzungsnummer in das Blech eingeschlagen ist, geachtet werden.

Die Würzburger Normen und die Deutschen Materialvorschriften verlangen bei denjenigen Blechen, welche der Abnahme unterzogen werden (vgl. unten, vorletzter Absatz), die Abstempelung mit dem Stempel des abnehmenden Beamten an

---

Hartbiegeproben (vgl. S. 7): Der Probestreifen muß sich in Längs- und Querfaser bei Blechen mit einer Festigkeit bis zu 42 kg/qmm einschließlich (Würzburger Normen) bzw. bis zu 41 kg/qmm einschließlich (Deutsche Materialvorschriften) flach, von 42 bis 45 kg/qmm (Würzburger Normen) bzw. von 41 bis 47 kg/qmm (Deutsche Materialvorschriften) um einen Dorn mit einem Durchmesser von der 2 fachen Blechdicke, über 45 kg/qmm (Würzburger Normen) bzw. über 47 kg/qmm (Deutsche Materialvorschriften) um einen solchen von der 3 fachen Blechdicke bis 180 Grad zusammenbiegen lassen.

Schmiedeprobe: Streifen von ungefähr 100 mm (Würzburger Normen) bzw. ungefähr 50 mm Breite (Deutsche Materialvorschriften) müssen in rotwarmem Zustande mit der Hammerfinne quer zur Walzrichtung mindestens auf das 1½fache ihrer Breite ausgebreitet werden können, ohne an den Kanten und auf der Fläche Risse zu erhalten.

Lochprobe: Streifen, die in rotwarmem Zustand in einer Entfernung vom Rande gleich der halben Dicke des Streifens mit einem konischen Lochstempel (bei etwa 50 mm Länge 10 mm kleinster und 20 mm größter Durchmesser) gelocht werden, dürfen vom Loch nach der Kante nicht aufreißen.

Die Deutschen Materialvorschriften für Landdampfkessel machen auch die Unterscheidung, daß für Bleche (und andere Kesselbaumaterialien) von höherer Festigkeit als 41 kg/qmm, sowie für Bleche aus Birnenmaterial die — in den Deutschen Materialvorschriften für Schiffsdampfkessel obligatorisch vorgesehene — Prüfung durch Sachverständige vorgeschrieben wird, während für andere Bleche und andere zum Kessel verwendete Materialien der Nachweis durch Werksbescheinigungen und zum Teil auch durch bloße Chargenproben (vgl. S. 33) als zulässig erklärt wird.

Die Vorschriften der Eisenbahnen gehen zum Teil über die vorstehenden Anforderungen hinaus, indem — bei obligatorischer Abnahme — eine Probe von jedem Walzstück und (Vorschrift der österreichischen Staatsbahnen) bereits bei Längen über 3 m von jedem Ende eine Probe genommen wird.

zwei Stellen. Dieser Stempel ist auch im Prüfungsschein abzudrucken.

Erzeugungsfehler. Kleinere Oberflächenfehler sind nicht bedenklich, wenn sie keine scharfen Ränder haben (flache, seichte Gruben, seichte Längsstreifen; auch kleinere „Quarzflecken", das sind geschmolzene eingewalzte Quarzkörner, vom Ofen herrührend, sind noch unbedenklich). Die Würzburger Normen und die Deutschen Materialvorschriften sehen vor, daß kleinere Oberflächenfehler durch Abmeißeln und dergl. entfernt werden dürfen, was — unter Kontrolle des Abnehmers — auch unbedenklich geschehen kann.

In den Blechwalzwerken pflegt man Oberflächenfehler neuerdings durch Abschleifen mit kleinen transportablen Schleifmaschinen auszugleichen; dieser Vorgang ist deshalb unerwünscht, weil vielfach auch noch vorher verhämmert oder, wie man es auch nennt, „verzogen" wird, was dann nach nachträglichem Abschleifen nicht mehr zu erkennen ist (über den ungünstigen Einfluß derartiger Bearbeitung vgl. Vorbehandlung S. 12/13).

Andere, wenn auch verhältnismäßig seltener vorkommende Fehler sind Schuppen oder Schiefer (Überwalzungen), die beim Biegen mitunter aufgehen und bis tief hinein gehen können, sich auch manchmal erst bei der Bearbeitung, besonders beim Biegen zeigen. Auch Spaltungen kommen vor, infolge von Blasen oder nicht ganz entfernten Stellen des Lunkers, die beim Walzen zugeschweißt sind und besonders beim Biegen, mitunter auch erst im Betriebe, wieder aufgehen können.

Blasen pflegen durch die Zerrung beim Scherenschnitt sich zu öffnen und an den Schnittflächen beschnittener Bleche bei aufmerksamer Betrachtung sichtbar zu sein. Man kann sich dann durch Nehmen eines Spans mit dem Meißel überzeugen, ob eine solche Blase tiefer geht. Ganz kleine Blasen, die nur beim Abbrechen oder im Bruch der Zerreißprobe sichtbar werden, finden sich wohl in den meisten Blechen. Blasen sind im allgemeinen weniger bedenklich als Seigerungen.

Seigerungsstreifen (vgl. S. 35/42) kommen in Blechen verhältnismäßig häufig vor. Beim Lochen werden diese Seigerungsstreifen, wie Heyn gezeigt hat, nach unten gebogen und reißen dabei leicht ein, was dann den Ausganspunkt von Rissen im Betriebe bilden kann.

Fig. 13 (auf S. 65) zeigt an einer Kupferammoniumchloridätzung dieses Abbiegen der Seigerungsstreifen an einem Schnitt durch ein Blech, bei welchem der Lochvorgang noch vor Abtrennung des herausgelochten Stückes unterbrochen wurde[1]). In den Ausnahmefällen, in welchen das Lochen von Blechen gestattet wird, sollen die Löcher reichlich kleiner gelocht und auf das richtige Maß aufgebohrt werden, um die möglicherweise beim Lochen eingerissenen Partien wieder zu entfernen. Aus demselben Grunde sollen mit der Schere geschnittene Ränder durch Hobeln, Fräsen oder Drehen reichlich wieder entfernt werden. Bei Kesselblechen (und teilweise auch bei Brückenkonstruktionen) pflegt man indessen streng zu verbieten, Löcher durch Lochen herzustellen.

Schäden bei der Bearbeitung und im Betriebe. Anrisse können ebenso wie Schuppen, Schiefer oder Spaltungen (vgl. S. 60) nach dem Biegen zum Vorschein kommen, und es ist deshalb eine genaue Besichtigung der Bleche nach dem Biegen, insbesondere an der Außenseite und auch in den Löchern, zweckmäßig.

Das Biegen muß so vorgenommen und die Löcher so ausgeteilt werden, daß beim Zusammenpassen keine großen Abweichungen mehr vorkommen. Gewaltsames Nachhelfen beim Zusammenpassen kann leicht den Ausgangspunkt von Anrissen bilden, und es sollten deshalb, soweit irgend möglich, die Löcher erst nach dem Biegen im zusammengebauten Kessel gebohrt werden.

Gerade in den Nietlöchern bilden sich im Betriebe am leichtesten Risse infolge der sogenannten Wärmespannungen, das sind Spannungen, die bei abwechselndem Erwärmen und Wiederabkühlen entstehen. Diese Gefahr besteht besonders bei solchen Blechen, die direkt dem Feuer ausgesetzt sind. Wenn solche Risse in ungünstigen Fällen, d. i. bei starker Überbeanspruchung der Kessel, auch bei gutem Material vorkommen können, so sind sie doch bei geseigertem Material viel wahrscheinlicher und gefährlicher. Auch zu hoher Nietdruck (bei maschineller Nietung) kann nach neuen Untersuchungen von Bach zu Rißbildung führen.

---

[1]) Aus „Die praktische Nutzanwendung der Prüfung des Eisens durch Ätzverfahren und mit Hilfe des Mikroskopes“. Von Dr.-Ing. E. Preuß Berlin. Verlag von Julius Springer. 1913.

Eine Beschädigung der Kesselbleche kann nach Bach auch durch das Abklopfen des Kesselsteins mit Hämmern in ähnlicher Weise wie durch zu tiefe oder an ungeeigneter Stelle angebrachte Abstempelung (vgl. den letzten Absatz bei Vorbehandlung S. 13) entstehen.

Bei der Bearbeitung der Bleche ist streng darauf zu achten, daß nicht Teile derselben in dunkler Wärme gebogen oder sonst bearbeitet werden (vgl. gefährliche Temperaturen S. 47). Diese Gefahr besteht besonders beim teilweisen Erwärmen zum Bördeln, Biegen oder Anrichten. Es ist dies auch ein Grund, weshalb die maschinell in einer Operation gepreßten und fertig zu beziehenden Stücke, bei welchen diese Mißhandlung des Materials unter der Voraussetzung entsprechender Arbeitsweise vermieden werden kann, weitaus vorzuziehen sind und in den Fällen, in welchen dieselben noch nicht verwendet werden, bei der Konstruktion auf Einhaltung solcher Maße, für welche maschinell gepreßte Böden erhältlich sind, geachtet werden sollte. Auch das in Blechwalzwerken bei Forcierung des Betriebes vorkommende Schneiden in heißem Zustande, das an den Anlauffarben der Schnittflächen kenntlich ist, ist aus diesem Grunde nicht unbedenklich.

Bleche sollen nicht heiß auf nasse Stellen gelegt oder sonst naß werden, da auch diese ungleichmäßige Abkühlung gefährlich werden kann[1]).

---

[1]) Nach den Würzburger Normen und den Deutschen Materialvorschriften sind sämtliche Bleche nach dem Beschneiden auszuglühen, nach den Hamburger Normen und den Deutschen Bauvorschriften müssen Bleche, die im Feuer bearbeitet worden sind, nach vollendeter Formgebung, soweit dies möglich ist, sachgemäß ausgeglüht werden, und zwar besonders solche Bleche, welche wiederholt einer stellenweisen Erhitzung ausgesetzt worden sind; ferner ist jedes geschweißte Stück, wenn irgend möglich, gut auszuglühen. Die genaue Einhaltung derartiger Bestimmungen, insbesondere der ersten, setzt wohl eine sehr eingehende Kontrolle voraus.

Die Besorgnis vor einer Gefährdung der Bleche durch unzweckmäßige Behandlung, die besonders zur Zeit der Neueinführung der Flußeisenbleche in den Kesselschmieden viele Schäden verursacht hat, aber auch heute noch nach den Erfahrungen der Stuttgarter Materialprüfungsanstalt keine Seltenheit ist, kommt auch in den Deutschen Bauvorschriften für Landdampfkessel zum Ausdruck. Nach diesen dürfen Bleche, die eine höhere Zugfestigkeit als 41 kg/qmm besitzen, zu Mantelteilen nur dann verwendet werden (eine Verwendung von Material höherer Festigkeit als 41 kg/qmm für Bleche, welche gebördelt werden oder im

Man hat bisher das Bördeln als eine sehr scharfe Materialprobe angesehen und in den Würzburger Normen gekrempte Bleche, Wellrohre usw., in den Deutschen Materialvorschriften für Landdampfkessel Wellrohre und ähnliche Feuerrohre sowie gepreßte Mannlochdeckel, -bügel und -verstärkungen von den sonstigen Erprobungsvorschriften ausgenommen. Nach den neuesten Erfahrungen ist es jedoch zweifelhaft geworden, ob dies immer zutrifft[1]). Seigerungen bilden jedenfalls kein Hindernis für das

---

ersten Feuerzug liegen, ist bereits durch die auf S. 57 Anm. angeführte Bestimmung ausgeschlossen), wenn die Bearbeitung kalt oder rotwarm erfolgt, wenn die Kanten gehobelt, gedreht oder — mangels anderer Möglichkeit der Bearbeitung — gemeißelt werden, und wenn ihre Verbindung in den Längsnähten durch Doppellaschennietung erfolgt und die Nietung maschinell hergestellt wird.

In den Bauvorschriften für Schiffskessel sind ähnliche Vorschriften für alle Bleche ohne Unterschied der Festigkeit als Voraussetzung für die Zulässigkeit der vorgesehenen Sicherheitskoeffizienten bzw. Beanspruchungen gemacht.

Die Würzburger Normen und ebenso die Deutschen Bauvorschriften für Landdampfkessel und für Schiffsdampfkessel verlangen, daß Nietlöcher von Blechen über 27 mm Dicke gebohrt werden, und sehen bei schwächeren Blechen eine Herabminderung der zulässigen Beanspruchungen vor, wenn die Löcher gelocht werden, und zwar eine mäßigere Herabsetzung, wenn die Löcher auf einen kleineren Durchmesser gelocht und dann aufgebohrt werden. Die Deutschen Bauvorschriften verlangen ferner, daß die Nietlöcher in allen Blechen, die eine höhere Zugfestigkeit als 41 kg/qmm besitzen, gebohrt werden, die Deutschen Bauvorschriften für Landdampfkessel außerdem, daß das Bohren der Löcher bei Blechen über 27 mm Dicke oder mit mehr als 41 kg/qmm Festigkeit an den zum Kessel zusammengesetzten Blechen vorgenommen wird.

Gegen diese Ausnahmebestimmungen für Bleche höherer Festigkeit wird in dem mehrfach erwähnten Buch von Baumann (vgl. das Vorwort von Bach S. 12/14, ferner S. 90/93) eingewendet, daß sie für Bleche niedrigerer Festigkeit eine rücksichtslosere Behandlung, welche zu Unfällen führen kann, zulassen. Zur Begründung dieser Bedenken wird angeführt, daß unter den der Stuttgarter Materialprüfungsanstalt zur Untersuchung überwiesenen „Unfallblechen" solche von niedrigerer Festigkeit, d. i. bis 41 kg/qmm überwiegen, wobei zur Erklärung des verhältnismäßig starken Anteils an Blechen, deren Festigkeit wenig oberhalb oder bereits unterhalb der unteren Grenze von 34 kg/qmm liegt, auf die Herstellungsweise verwiesen wird (vgl. hierzu auch S. 30 und 68, ferner S. 10 Widerstandsfähigkeit gegen Stoß, letzter Absatz).

[1]) Vgl. Baumann S. 94, wo darauf verwiesen wird, daß rund 10 % der Stuttgarter „Unfallbleche" Wellrohre waren.

Bördeln, und man kann beispielsweise bei Lokomotiven Krebs-(Stiefelknecht-)platten[1]) finden, die den bei der komplizierten Form dieser Platten besonders anstrengenden Herstellungsvorgang ohne sichtbaren Fehler ausgehalten, dagegen im Betriebe kleine Risse bekommen haben. Nach Analogie der von Dormus für Schienen entwickelten Anschauung liegt es nahe, in solchen Fällen ein Reißen der geseigerten spröden Kernschichte anzunehmen, das, solange der Riß nicht durchgeht, nicht bemerkbar ist.

Bei den neuerdings vielfach ausgeführten Ausbesserungsarbeiten an Dampfkesseln mittels autogener Schweißung ist gemäß den im Jahre 1908 auf Antrag Bachs vom Internationalen Verband der Dampfkessel-Überwachungs-Vereine angenommenen Aussprüchen in dem auf S. 49 dargelegten Sinne größte Vorsicht am Platz.

Das Schweißen größerer Kesselteile wie zylindrischer Kesselschüsse an Stelle der Nietung hätte infolge Vermeidung der Überlappungen und damit der Gefahr von Wärmespannungen (vgl. S. 61) viele Vorteile und bietet auch bei der heutigen Entwicklung der maschinellen Schweißverfahren, beispielsweise mit Wassergasheizung, keine Schwierigkeit, findet aber — mit Ausnahme der Wellrohre — wegen der Abhängigkeit von der Güte der Arbeit noch kein vollständiges Vertrauen[2]). (Vgl. auch unten Flußeisenrohre, letzter Absatz.)

Flußeisenrohre. Siederohre und Wasserrohre sind zum großen Teil, für Lokomotiven wohl fast durchweg, aus weichem Flußeisen nahtlos gewalzt bzw. gezogen. Bei geschweißten Rohren soll nach den Würzburger Normen und den Deutschen Materialvorschriften die Schweißnaht tunlichst durch einen Stern bezeichnet werden. Für Wasserrohre sind in den Würzburger Normen Aufweitprobe, Bördelprobe, Hart-Biegeprobe durch Zusammendrücken von Rohrabschnitten und innere Wasserdruckprobe, in den

---

[1]) Übergangsstücke zwischen Feuerbüchse und Zylinderkessel.

[2]) Die Hamburger Normen und die Deutschen Bauvorschriften empfehlen, Nähte, welche auf Biegung oder Zug beansprucht werden, nicht zu schweißen und auch keine Schweißnaht herzustellen, wenn das geschweißte Stück nicht nachträglich ausgeglüht werden kann, bzw. jedes geschweißte Stück wenn irgend möglich gut auszuglühen; überdies wird in besonderen Fällen bei geschweißten Längsnähten in Kesselmänteln die Anbringung von Sicherheitslaschen vorgesehen.

Deutschen Materialvorschriften die gleichen Proben, jedoch nur für Wasserrohre von weniger als 6 mm Wandstärke, vorgeschrieben. Vorkommende Fehler sind Längsrisse, vom Ziehen herrührend (Ziehrisse), ferner stellenweise ovale Form infolge Flachdrücken durch das Eigengewicht im Ofen oder durch Geraderichten (was sich wie bei Stabeisen durch starke und häufige Rostfiguren äußert) und ungleichmäßige Wandstärke bzw. Exzentrizität.

Die Erzeugung nahtloser Rohre erfolgt zum Teil nach dem Mannesmannschen Verfahren, bei welchem mit dem Schrägwalzwerk durch Voreilen der von den Walzen gefaßten äußeren Teile (Reuleaux nennt das drastisch „das Fell über die Ohren ziehen", fehlerhaftes Material reißt hierbei auf) Hohlblöcke erzeugt und diese dann auf dem Pilgerschrittwalzwerk (exzentrische Walzen, in die das Rohr abwechselnd hinein- und durch Rückholfedern wieder zurückgezogen wird) sowie durch Ziehen gestreckt und aufgeweitet werden, zum Teil nach ähnlichen ohne Pilgerschrittwalzwerk arbeitenden Verfahren, zum Teil nach dem Erhardt-Verfahren, bei welchem ein viereckiger Block in einer runden Preßform warm gelocht und dann durch Ziehen gestreckt wird.

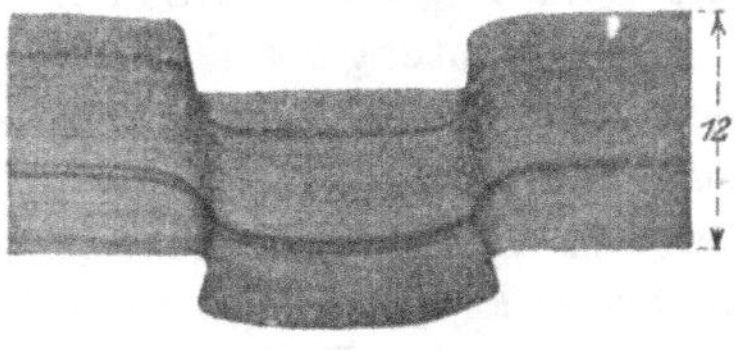

Fig. 13 (vgl. S. 61).

Eine besondere Anwendung des Erhardt-Verfahrens ist das Aufwalzen nahtloser Rohrblöcke zu ganzen Kesselschüssen, Luftbehältern und dergl. im Preßwerk Düsseldorf-Reisholz.

Festigkeits-, Dehnungs- und Kontraktionswerte. Bei Flußeisen und Flußstahl kann nach dem früher Gesagten durch verhältnismäßig geringe Verschiedenheiten in der Erzeugung ein sehr verschiedener Gehalt an Kohlenstoff, eventuell auch an anderen Beimengungen, und dadurch innerhalb weiter Grenzen jede gewünschte Festigkeit erreicht werden.

Die Festigkeit allein bildet deshalb bei Flußeisen und Flußstahl — mit Ausnahme der ganz hohen Festigkeiten — kein eigentliches Qualitätsmerkmal, sondern hauptsächlich einen Einteilungsgrund, um verschiedene Sorten gegeneinander abzugrenzen. In diesem Sinne ist es oft zweckmäßig, außer einer unteren auch eine obere Festigkeitsgrenze vorzuschreiben. Es liegt im Interesse des Abnehmers, das Intervall zwischen oberer und unterer Grenze nicht zu groß zu wählen, um sich den Bezug möglichst gleichmäßigen Materials zu sichern; andererseits bildet die Vorschreibung kleiner Intervalle eine um so größere Erschwerung in der Erzeugung, je härter das Material und je größer der Querschnitt ist. Kleineren Abweichungen in der Festigkeitsziffer braucht hierbei keine allzugroße Bedeutung beigelegt zu werden, solange die Dehnungs- und Kontraktionswerte befriedigende sind. Es ist auch zu berücksichtigen, daß die Ungenauigkeit in der Anzeige der Prüfmaschine mit etwa 1% anzunehmen ist.

Bei Beratung der Würzburger Normen hat man sich beispielsweise für weiche Kesselbleche auf die Festigkeitswerte von 34 bis 40 kg/qmm, d. i. ein Intervall von 6 kg/qmm, geeinigt, in den Deutschen Materialvorschriften für Dampfkessel sind hierfür 34 bis 41 kg/qmm, d. i. ein Intervall von 7 kg/qmm festgesetzt.

Die bei den Proben erhaltenen Werte hängen außer von der Erzeugung auch vom Bearbeitungszustand der Stücke (vgl. S. 12 und 13) und von der Entnahmestelle der Probestäbe (vgl. S. 35 bis 37) ab. Proben aus dem Kern oder aus Stücken, welche vom oberen Blockende stammen, werden höhere Festigkeit, dagegen niedrigere Dehnung und Kontraktion aufweisen als solche aus dem Rand oder aus den mittleren und unteren Teilen der Gußblöcke und werden diese Unterschiede unter gleichen Umständen um so stärker zeigen, je weniger gleichmäßig das Material ist. Im allgemeinen gilt der Grundsatz, daß die Probestücke wenn irgend möglich kalt abgetrennt werden und nach der Abtrennung keine Wärmebehandlung, deren Einfluß besonders bei Stahl ein sehr starker sein kann, mehr erfahren sollen. Bei wichtigen Schmiedestücken werden vom rohgeschmiedeten Stück Proben entnommen, eventuell Ansätze hierfür angeschmiedet.

Die zu bestimmten Festigkeitswerten gehörigen Dehnungs- und Kontraktionswerte hängen naturgemäß sehr stark vom Erzeugungsverfahren, Gehalt an Beimengungen, Sorgfalt bei der Erzeugung usw. ab, so daß nur ungefähre Durchschnittswerte zur Veranschaulichung des Zusammenhanges angegeben werden können. Aus einer größeren Anzahl von Proben aus gewalztem basischen Martinmaterial laufender Erzeugung eines Werkes ergaben sich beispielsweise folgende Mittelwerte.

Festigkeit . . . . . . kg/qmm ca.	35	40	45	50	55
Dehnung . . . . %	32	28	25	23	22
Kontraktion . . . . %	65	55	50	45	40

Je härter das Material ist, desto verschiedenere Dehnungs- und Kontraktionswerte können sich für die gleiche Festigkeitsstufe ergeben In der folgenden Zusammenstellung sind die Mittelwerte einer größeren Anzahl von Proben aus gewalztem basischen Martinmaterial laufender Erzeugung des gleichen Werkes für die höheren Festigkeitsstufen wiedergegeben.

Festigkeit . . . . . . kg/qmm ca.	60	65	70	75	80
Dehnung . . . . %	17	15	14	13	11
Kontraktion . . . . %	35	30	27	25	21

Das Material ist, nach diesen Ziffern beurteilt, in der untersten Festigkeitsstufe der ersten Tabelle und besonders in den höheren Festigkeitsstufen der zweiten Tabelle bedeutend besser als in den mittleren Festigkeitsstufen. Die Kontraktion ist durchwegs ungefähr gleich dem doppelten Wert der auf normale Meßlänge (vgl. S. 4) bestimmten Dehnung.

Die Werte, welche bei Lieferungen garantiert werden, liegen naturgemäß wesentlich unter den erreichbaren Mittelwerten, doch werden beispielsweise von einem Stahlwerk für sorgfältig erzeugtes Martinmaterial (vgl. S. 44 und 45, hochwertiger Stahl) noch folgende Mindestwerte garantiert:

Festigkeit . . . . kg/qmm	34—40	40—44	45—55	50—60	60—65
Streckgrenze . . . . kg/qmm	18—25	22—28	25—33	30—43	35—45
Dehnung auf $\sqrt{80\,F}$ Meßlänge mind. %	27	25	22	20	18
Kontraktion mind. . . . . %	60	60	50	40	40

Bei Spezialstahlen, insbesondere in vergütetem Zustand, liegen die erreichbaren Dehnungs- und Kontraktionswerte sowie das Verhältnis Streckgrenze zu Festigkeit noch wesentlich höher.

Härtezahlen. Das Verhältnis zwischen Härtezahl (vgl. S. 5 bis 7) und Festigkeit schwankt für verschiedene Eisen- und Stahlgattungen je nach Erzeugungsweise und Herkunft in der Art, daß die Härtezahl bei 3000 kg Belastung und 10 mm Kugeldurchmesser in der Regel etwas weniger als das Dreifache des Festigkeitswertes beträgt. Der Unterschied des aus der Härtezahl ermittelten Festigkeitswertes von dem unmittelbar durch die Zerreißprobe bestimmten kann bis etwa 3 kg/qmm betragen

Kerbzähigkeitswerte. Für die „Kerbzähigkeit“, d. i. die zum Bruch eines gekerbten Biegeprobestabes erforderliche spezifische Schlagarbeit (vgl. S. 10 bis 12), lassen sich keine hinreichend sicheren allgemeingültigen Werte aufstellen, da nur unter ganz genau gleichen Umständen erhaltene Werte vergleichbar sind und solche noch nicht in hinreichender Zahl vorliegen. Beispielsweise seien die Werte angeführt, die bei den sehr sorgfältigen Vorarbeiten von Ehrensberger zur Aufstellung der deutschen Normalien für die Kerbschlagprobe an Probestäben aus geschmiedeten Quadratstangen erhalten wurden.

	Flußeisen	Kohlenstoffstahl	Nickelstahl	Nickelchromstahl
Festigkeit . . . . kg/qmm	39,0	52,7	58,7	84,5
Dehnung . . . . . . %	31,5	25,5	26,6	15,0
Kontraktion . . . . . %	65,5	64,5	72,0	66,7
Kerbzähigkeit . . kg/qcm	33,8	17,4	41,0	26,2

Proben aus Stahlguß, aus schlechtem Flußeisen und aus im Betriebe gebrochenen Achsen zeigten weit niedrigere Werte.

Bei Versuchen des Verfassers an Kropfachsen aus vergütetem Nickelstahl von rund 60 kg/qmm Festigkeit, 48 kg/qmm Streckgrenze, 23% Dehnung und 53% Kontraktion ergab sich die Kerbzähigkeit am großen Normal-Pendelschlagwerk mit Normalprobestäben aus der Außenpartie des Achsschaftes zwischen 15,7 und 17 kg/qcm.

Verwendung. Flußeisen von weniger als 34 kg/qmm Festigkeit wird, obwohl es mit sehr großer Zähigkeit erzeugt werden kann, im Maschinen- und Kesselbau in der Regel nicht verwendet, weil man bei diesen kohlenstoffarmen Sorten bereits die Gefahr nicht hinreichender Desoxydation fürchtet (vgl. hierzu auch die erste Anmerkung auf S. 63, letzter Absatz).

Flußeisen weichster Gattung, d. i. demnach mit 34 bis 40 oder 34 bis 41 kg/qmm, wird außer für weiche Kesselbleche, Nieten, Kesselankerschrauben, Stehbolzen, Rohre, Winkeleisen auch verwendet für Stabeisen, Schrauben und Muttern (mit Ausnahme solcher, an welche besondere Anforderungen gestellt werden),

Rahmen- und Preßbleche, für Stücke, welche sich in erster Linie leicht schweißen lassen sollen, für im Einsatz zu härtende Stücke (mit Ausnahme solcher, an welche besondere Anforderungen gestellt werden, vgl. S. 52 und 54) und für solche Schmiedestücke, von welchen in erster Linie Zähigkeit verlangt wird.

Flußeisen härterer Gattung, d. i. mit 44 kg/qmm oder auch mit höherer (bis zu 50 und 51 kg/qmm) oberer Festigkeitsgrenze wird verwendet für härtere Kesselbleche (vgl. S. 57 Anm. 1), Ankerschrauben, Stehbolzen und Nieten (laut Würzburger Normen und Deutschen Materialvorschriften bis 47 kg/qmm), Rahmen-, Versteifungs- und Preßbleche, Formeisen und Stabeisen. Ebenso pflegt Flußeisenguß in diesen Festigkeitsstufen erzeugt zu werden.

Bei härterem Material finden für die gleiche Gattung von Maschinenteilen meist verschiedene Festigkeitsstufen Anwendung; die härteren um so eher, je mehr mit den Abmessungen gespart werden soll und je besseres Material verwendet werden kann, die weicheren auch dann, wenn die Forderung der Zähigkeit gegenüber der Festigkeit in erste Linie gestellt wird.

Geschmiedete Maschinenteile wie Wellen, Pleuelstangen, Kolben, Kreuzköpfe, Keile und dgl., ebenso wie Flußstahlguß, beispielsweise für Kolben und Kreuzköpfe, können aus Stahl von 50 bis 60 kg/qmm hergestellt werden, es wird aber auch weicheres Material von etwa 45 bis 55 kg/qmm oder 42 bis 50 kg/qmm Festigkeit hierzu verwendet. Hartgezogene Rohre, wie sie insbesondere im Automobilbau verwendet werden, werden in der Festigkeitsstufe 55 bis 65 kg/qmm erzeugt.

Stücke, welche zugleich dem Verschleiß zu widerstehen haben, wie naturharte Zapfen, Kolbenstangen und dgl., werden auch aus härterem Material von über 60 kg/qmm hergestellt.

Material von über 70 und über 80 kg/qmm Festigkeit wird, außer für Federn, für Schienen und für Lokomotivradreifen verwendet.

Für besondere Anforderungen kommen die verschiedenen Spezialstahlgattungen teils in naturhartem, teils in vergütetem und einsatzgehärtetem Zustand in Betracht, mit welchen auch den höchsten Anforderungen wie im Rennwagen- und Flugzeugbau genügt und Festigkeiten bis zu 200 kg/qmm erreicht werden können.

Für Eisenbleche, Walzrohre, Schiffbaueisen, Oberbaueisen, Eisenkonstruktionen für Brücken- und Hochbau und für Draht sind vom Deutschen Verband für die Materialprüfungen der Technik im Einvernehmen mit Fachvereinen der Erzeuger und der Verbraucher einheitliche Vorschriften für Deutschland unter Berücksichtigung der für bestimmte Zwecke bereits in Geltung stehenden Vorschriften ausgearbeitet worden, welche Qualitäts- und Abnahmevorschriften für die einzelnen Gattungen von Blechen, Rohren usw., wie auch eine sorgfältige Definition dieser Gattungen enthalten.

V. Kupfer.

Eigenschaften und Erzeugungsfehler. Kupfer hat ein spezifisches Gewicht von ca. 8,9 und einen Schmelzpunkt von 1085° C. Bei Erhitzung über 500° wird reines Kupfer nach den Untersuchungen von Heyn bereits spröde, und zwar um so rascher, je höher die Temperatur ist, bei über 1000° schon in wenigen Minuten; bei Erhitzung bis nahe zum Schmelzpunkt wird es „verbrannt" (vgl. S. 73). Je nach der Art der im Kupfer enthaltenen Beimengungen (vgl. S. 71) ist das Verhalten in der Wärme bei verschiedenen Kupfersorten nicht ganz gleich.

Die Festigkeitseigenschaften, insbesondere Dehnung und Kontraktion, nehmen bei Temperaturen von über 300° rapid ab, bei dauernder Erhitzung, wie Stribeck gezeigt hat, schon bei Temperaturen von wenig über 200°.

Kupfer wird entweder aus Erzen zuerst in Form von noch unreinem „Schwarzkupfer" gewonnen und dann raffiniert (Hüttenkupfer) oder aus Erzen auf flüssigem Wege elektrolytisch als Kathode in Form von Platten mit eigentümlich blasiger Oberfläche niedergeschlagen (Elektrolytkupfer).

Im Schwarzkupfer werden durch Einschmelzen im Raffinierofen unter Luftzuführung zuerst die Verunreinigungen, insbesondere Schwefel, oxydiert und dann durch Rühren mit nassen Stangen (das sogenannte „Polen"), infolge der dabei stattfindenden Verkohlung und Dampfentwicklung das hierbei gleichzeitig entstandene Kupferoxydul wieder reduziert, wobei der Schwefel und andere Verunreinigungen teils entweichen, teils verschlacken.

Kathodenkupfer hat infolge seines lockeren Gefüges keine verläßlichen mechanischen Eigenschaften und muß nochmals umgeschmolzen werden.

Die Desoxydierung kann auch durch verschiedene Zusätze (Mangan, Silizium, Phosphor) erreicht werden, von welchen nicht mehr oder nicht viel mehr zugesetzt werden soll, als zum Binden des im Kupfer enthaltenen Sauerstoffes erforderlich ist. Man pflegt solche Kupfersorten unrichtig als Manganbronze und Siliziumbronze zu bezeichnen. Manganhaltiges Kupfer zeichnet sich im Gegensatz zu dem dunklen arsenhaltigen Kupfer (vgl. das Folgende) durch etwas hellere Farbe aus.

Das heutige Kupfer, welches durch die Anforderungen der Elektrotechnik an die Leitungsfähigkeit immer reiner erzeugt wird, enthält immer weniger Beimengungen. Auch das für nicht elektrotechnische Zwecke bestimmte Kupfer hat in der Regel nicht viel mehr als ¼ % Beimengungen. Dieses beimengungsfreie Kupfer hat sich im Lokomotivbau nicht bewährt. Die Ursache liegt wahrscheinlich darin, daß mit der höheren Reinheit außer geringerer Widerstandsfähigkeit gegen höhere Temperaturen auch eine geringere Widerstandsfähigkeit gegen chemische Einwirkung (Abzehrung durch die Flamme) verbunden ist. Gutes altes Feuerbüchskupfer hatte einen hohen Gehalt an Beimengungen, insbesondere an Arsen. Auch ein gewisser Bleigehalt wird nach übereinstimmenden Erfahrungen für günstig gehalten, während Wismut und Antimon, welche heute indessen meist nur in Spuren vorzukommen pflegen, bereits in ganz geringen Mengen (0,02 %) schädlich wirken.

Neuerdings nimmt das Einschmelzen von Altkupfer aller Art an Stelle von aus Erzen hergestelltem Schwarzkupfer im Raffinierofen auch für Erzeugung von Feuerbüchskupfer immer mehr überhand, wodurch sich die ungeeignete Zusammensetzung des Kupfers (durch Beimischung alt zusammengekauften elektrolytischen Kupfers von elektrischen Maschinen) immer mehr verschärft, aber auch die Beherrschung des Raffinationsprozesses eine minder vollkommene zu sein scheint.

Gutes Kupfer hat einen rosenroten seidenglänzenden dichten Bruch ohne Poren oder Hohlräume.

Schlechtes Kupfer hat oft einen zu hohen Oxydulgehalt, der u. a. an ziegelroter Farbe des Bruches (wie sie sich bei gutem

Kupfer erst durch Oxydation an der Luft bildet) erkennbar ist. Nach zuverlässigen Angaben (Baucke, Internationaler Materialprüfungs-Kongreß New York 1912) kann bereits der einer Sauerstoffbeimengung von 0,06% entsprechende Oxydulgehalt eine Verringerung der Zähigkeit des Kupfers auf ein Drittel bewirken, während Sauerstoff in anderem Verbindungsverhältnis auch in größeren Mengen noch unschädlich sein kann.

Man kann solche Oxyduladern leicht an den Zerreißproben beobachten, bei welchen sie in kleinen Querrissen einreißen, so daß Stäbe aus derartigem Kupfer auch mit geringerer Dehnung reißen. Harte Adern wie bei Flußeisen und Flußstahl kommen infolge der feinen Verteilung des Oxyduls im Kupfer seltener vor, und schlechtes Kupfer äußert sich nicht so sehr durch niedrige Kontraktion als durch niedrige Dehnung. Oxyduladern und Schlackeneinschlüsse äußern sich auch in einer merklichen Verringerung des spezifischen Gewichtes.

Die preußischen Staatsbahnen schreiben für Feuerbüchsbleche bei 22 kg/qmm Mindestfestigkeit (die allgemein üblich ist, eine niedrigere Festigkeit kommt selten vor) 38 % Dehnung, die badischen Staatsbahnen bei den gleichen Werten noch 45% Kontraktion vor. Diese Ziffern können, soweit die Zerreißprobe und die Probe bei gewöhnlicher Temperatur überhaupt eine Garantie bieten, als entsprechend angesehen werden. Bei der Biegeprobe läßt sich gutes Kupfer kalt und warm leicht ganz zusammenschlagen. Weiteres vgl. S. 75, Schlußabsatz des Abschnittes über Kupfer.

In England, Frankreich, Italien und Dänemark wird von den Bahnen Arsenzusatz (meist 0,35 bis 0,55 %) vorgeschrieben, neuerdings auch von den österreichischen Staatsbahnen (0,15 bis 0,3 %), wodurch größere Widerstandsfähigkeit gegen den Angriff der Flamme, wohl auch eine Verringerung der Oxydulbildung erreicht, allerdings bei höherem Arsengehalt mitunter auch eine nicht mehr erwünschte Härte und Sprödigkeit hervorgerufen werden kann.

Da die Festigkeitseigenschaften des Kupfers, wie Stribeck gezeigt hat, bereits bald über 200° C abnehmen (siehe oben), und die Wassertemperatur beispielsweise bei 14 At. bereits 194° ist, kann die Temperatur auf der Feuerseite leicht weit über

200° steigen, wenn die Wärmeabfuhr an das Wasser durch Kesselstein gehindert ist. Man fängt deshalb auch an, Wert auf Proben in erhitztem Zustand zu legen, wobei jedoch (vgl. das eingangs Gesagte) auch eine längere Versuchsdauer (Stunden!) erforderlich ist, um die wirkliche Widerstandsfähigkeit bei dauernder Erwärmung zu erhalten.

Die Deutschen Bauvorschriften für Dampfkessel nehmen in Übereinstimmung mit den Hamburger Normen (vgl. S. 56) für Kupfer, wenn größere Festigkeit nicht nachgewiesen wird, eine Zugfestigkeit von 22 kg/qmm für Temperaturen bis 120° C an, im Fall hoher Temperaturen für je 20° C um 1 kg/qmm weniger; gegenüber überhitztem Dampf von 250° C und mehr wird die Verwendung von Kupfer untersagt, für kupferne Dampfrohrleitungen innerhalb dieser Grenze die Materialbeanspruchung auf $^1/_{10}$ der Zugfestigkeit beschränkt.

Zerstörung des Kupfers im Kesselbetriebe. Wenn Kupfer nahe an seinen Schmelzpunkt erhitzt wird, verbrennt es, d. h. es bildet sich durch den Sauerstoff der Luft Kupferoxydul, welches in kleinen Adern von der Oberfläche aus in das Innere vordringt und den Ausgangspunkt von Rissen bildet. Diese Gefahr ist beim Löten vorhanden, ferner auch bei Wassermangel im Kessel. Besonders gefährlich sind, wie Heyn gezeigt hat, solche Flammen, welche freien Wasserstoff oder Kohlenwasserstoff enthalten, wie z. B. Leuchtgasflammen, da durch die Verbindung des Wasserstoffes mit dem Kupferoxydul die Zerstörung beschleunigt wird. Dies ist auch bei Ölfeuerungen zu beachten.

Die Feuerbüchsbleche gehen außer zwischen den Rohren hauptsächlich in den Umbügen zugrunde, wo sie infolge der durch die Temperaturschwankungen bedingten verschiedenen Wärmeausdehnungen Bewegungen ausführen (vgl. auch bei Flußeisenbleche Wärmespannungen S. 61) und gleichzeitig der korrodierenden Wirkung der Feuergase ausgesetzt sind. Es bilden sich dadurch Furchen[1]), welche bei der ständigen Wechselwirkung

[1]) Vergleiche das bei Streckgrenze (S. 3) über Rost- und Korrosionsfiguren Gesagte. In der in der Fußnote S. 3 erstangeführten Arbeit ist auf S. 115 auf diesen Zusammenhang näher eingegangen. Die im Material verfügbare Energie reicht, wenn man sich einer etwas trivialen Ausdrucksweise bedienen darf, für den gleichzeitigen chemischen und mechanischen Angriff nicht aus.

zwischen Biegung und Korrosion zuletzt zur Zerstörung führen. Die Zerstörung ist um so rascher, je größer der Temperaturunterschied zwischen Feuer- und Wasserseite ist. Auch bei diesen Vorgängen erfolgt die Zerstörung in der Regel durch Fortschreiten von Oxyduladern in das Innere des Kupfers. Eine Zerstörung des Kupfers findet auch statt durch schwefelhaltige Kohle.

Kupferbleche. Für Kupferbleche gilt größtenteils das bei Eisenblechen Gesagte. Ein häufigerer Fehler als bei Eisenblechen ist das Einwalzen von Walzsinter (Hammerschlag), der bei der Abkühlung des Kupfers an der Luft sich bildenden Kupferoxydulschichte, wodurch oft eine unreine Oberfläche und Gruben entstehen. Solche Oberflächenfehler sind nur bei gehörig entzunderten Blechen sicher erkennbar, d. h. wenn das Blech in gut rotwarmem Zustande in Wasser gesteckt (abgeplötzt) worden ist.

Kupferbleche werden mitunter sehr knapp gewalzt, so daß an den Rändern nur wenig weggeschnitten wird, und dort die Gefahr eines Fehlers (poröse Stellen) größer ist als bei Eisenblechen Solche poröse Stellen brechen mitunter beim Biegen auf, ebenso öffnen sich Blasen mitunter in der Biegung, so daß auch bei Kupferblechen eine genaue Besichtigung in den verschiedenen Stadien der Bearbeitung notwendig ist.

Sehr wichtig ist, daß die Gußblöcke, aus welchen die Platten gewalzt werden, frei von tiefergehenden Blasen sind, und daß die oberflächlichen Blasen, welche häufiger und gefährlicher sind als bei Eisen, sicher und gründlich entfernt werden (z. B. mit Preßluftmeißel); dem Erkennen dieser Blasen, insbesondere ihrer letzten Ausläufer müßte mindestens die gleiche weitgehende Sorgfalt zugewendet werden, wie bei der Verarbeitung von hochwertigem Stahl.

Die verschiedene Stärke bei Rohrwänden (Partie, in welcher die Rohre eingewalzt werden, stärker) und Mantelplatten (Decke stärker, Seitenwände schwächer), wie sie bei Lokomotivfeuerbüchsen verlangt wird, wird durch das sogenannte Abziehen hervorgebracht, d. h. die Platte wird, nachdem sie gewalzt ist, nochmals teilweise oder mit zwischengelegten Keilen durch die Walzen gezogen; die Abschrägung an den Seiten und in den oberen runden Ecken der Rohrwände wird meist unter dem Dampf-, Fall- oder Schwanzhammer hervorgebracht.

Kupferstangen. Die Kupferstangen für Stehbolzen werden warm gewalzt und dann kalt gezogen, müssen aber, wie bei Vorbehandlung (S. 12/13) erwähnt, zwischen den Zügen wieder ausgeglüht werden, da sie sonst zu hart werden würden. Die gelochten Stangen sind meist aus hohlgegossenen Blöcken zuerst gewalzt und dann kalt gezogen; die Höhlung wird dabei durch die Zusammendrückung innen stark gestaucht und dadurch oft etwas uneben, das darf dabei aber nicht so weit gehen, daß die Höhlung sternförmigen Querschnitt annimmt.

Bei den Gewindebiegeproben (vgl. S. 8) können sich außer Querrissen auch Längsrisse (auf der Innenseite infolge der Querdehnung beim Stauchen) zeigen, und zwar eher als bei der Stauchprobe; sie können von Blasen, die beim Walzen lang gestreckt wurden, von einfachen Walzrissen, die aber dann auch eine unerwünschte Empfindlichkeit des Kupfers anzeigen, oder (bei unregelmäßiger gezackter Form) von Oxyduladern herrühren.

Kupferrohre. Von Kupferrohren gilt ungefähr das gleiche wie von Eisenrohren. Sie werden bis zu mäßigen Durchmessern heute meist ebenfalls nahtlos gewalzt, mitunter auch aus vorgegossenen Hohlblöcken gewalzt und gezogen.

Von den üblichen Proben ist die verbreitetste und auch schärfste das Umbördeln der Ränder, welches bei gutem Material ziemlich weit getrieben werden kann. Es ist darauf zu achten, daß hierbei die Wandstärke nicht wesentlich vermindert wird, da sich sonst der Vorgang dem Treiben nähert, welches Kupfer viel leichter verträgt als das Bördeln, und daß Risse sich (vgl S. 12) mitunter erst nach einigen Stunden zeigen.

Die Blöcke für Kupferrohre und Kupferstangen werden vielfach nicht aus dem Raffinierofen, sondern statt der Raffination mit Zusatz eines Desoxydationsmittels (meist Phosphorkupfer [vgl. S. 71 und 72]) aus dem Tiegel gegossen. Dieses Kupfer zeigt — offenbar infolge der guten Desoyxdation — gute Eigenschaften; es ist aber auch in diesem Falle notwendig, daß die Kopfenden der Blöcke hinreichend weit entfernt werden, damit nicht poröse oder harte Stellen zurückbleiben.

In letzter Zeit hat der Deutsche Verband für die Materialprüfungen der Technik Lieferungsvorschriften für Stehbolzenkupfer, Kupferbleche und Kupferrohre aufgestellt, welche in den wesentlichen Punkten mit den Vorschriften der preußischen

Staatsbahnen übereinstimmen und wie diese für Stangenkupfer bei gleicher Dehnung wie für Kupferbleche (vgl. S. 72) eine Mindestfestigkeit von 23 kg/qmm vorsehen.

VI. Kupferlegierungen.

Eigenschaften der Legierungen. Man nennt eine Lösung von Metallen ineinander oder mit Nichtmetallen, welche nicht im Verhältnis der chemischen Verbindungsgewichte erfolgt, eine Legierung. In diesem Sinn sind auch die technisch verwendeten Eisen- und Stahlgattungen Legierungen von Eisen und Kohlenstoff und unter Umständen (so besonders die Spezialstahle, vgl. S. 43/44) auch von anderen Stoffen.

Die Eigenschaften der Legierungen sind wesentlich durch ihr Verhalten beim Erstarren bedingt. Es erfolgt hierbei entweder das Auskristallisieren von Mischkristallen, welche ihre Zusammensetzung mit dem Fortschreiten des Auskristallisierens und der damit zusammenhängenden Änderung in der Zusammensetzung der Mutterlauge ändern, oder es kristallisiert zunächst ein Bestandteil so lange aus, bis eine Lösung bestimmter Zusammensetzung, die sogenannte eutektische (gutflüssige) Legierung, zurückbleibt, welche den niedrigsten Erstarrungspunkt hat und ihre Zusammensetzung beim Erstarren nicht mehr ändert.

Durch dieses Auskristallisieren tritt, wenn es sich nicht von vornherein um eine Legierung von der Zusammensetzung der eutektischen handelt, beim Erstarren in jedem Fall eine Entmischung (Seigerung, vgl. S. 35) ein, welche um so stärker ist, je langsamer die Abkühlung erfolgt. Nur bei raschem Erstarren kann eine Legierung durchaus gleiche Zusammensetzung behalten.

Legierungen pflegen größere Festigkeit und Härte, eine höhere Elastizitätsgrenze, eine niedrigere Schmelztemperatur, oft auch eine größere Widerstandsfähigkeit gegen chemische Einflüsse, dagegen geringere Zähigkeit und Geschmeidigkeit und eine geringere Leitfähigkeit für Wärme und Elektrizität zu besitzen als die Metalle, aus welchen sie bestehen, und zwar im allgemeinen in um so höherem Grade, aus je mehr Metallen sie bestehen. Aus der Farbe der Legierungen darf nur mit Vorsicht auf die Zusammensetzung geschlossen werden, da der Einfluß der einzelnen Metalle auf die Färbung ein sehr verschiedener ist. Am stärksten beeinflußt Zinn die Färbung der damit hergestellten Legierungen, dann folgen der Reihe nach Nickel, Aluminium, Mangan, Eisen, Kupfer, Zink, Blei.

Beimengungen. In den Legierungen finden sich außer den Hauptbestandteilen meist noch in geringen Mengen teils zufällige, teils absichtliche Beimengungen, welche je nach der Art, nach welcher sie sich verteilen, schon in den geringsten Mengen (vgl. das bei Kupfer S. 71 hierüber Gesagte) einen wesentlichen Einfluß auf die Eigenschaften der Legierungen haben können. Schädlich sind im allgemeinen Wismut, Antimon, Schwefel, Sauerstoff, nützlich bis zu einem gewissen Gehalt Mangan, Silizium und speziell bei Kupferlegierungen für bestimmte Zwecke auch Phosphor und Arsen (vgl. bei Kupfer S. 71 und 72).

Diese Wirkungen der Beimengungen können sehr abgeschwächt werden, wenn außer den in Betracht gezogenen Beimengungen noch andere in der Legierung vorhanden sind. Jedenfalls geht hieraus die große Bedeutung hervor, welche bei Legierungen die Reinheit der verwendeten Metalle oder wenigstens die Freiheit derselben von unbekannten Beimengungen hat.

Bronze. Zusammensetzung. Zinnzusatz zu Kupfer, welchem bei ca. 10 % eine rotgelbe, bei ca. 20 % bereits eine weißgelbe Färbung entspricht, bewirkt bis zu einem Zinngehalte von ca. 17 bis 20 % eine Steigerung der Festigkeit und Härte bei entsprechend abnehmender Zähigkeit und hat bei noch höherem Zinngehalt bereits Sprödigkeit zur Folge, doch wird noch für Spurlinsen eine sehr harte Legierung von 77 % Kupfer und 23 % Zinn, welche bereits stark lunkert und schwer gießbar ist, verwendet.

Die im Maschinen- und Kesselbau verwendete sogenannte Maschinenbronze wird je nach dem besonderen Verwendungszweck mit 80 bis 90 % (besonders weiche und zähe Bronze bis 92 %) Kupfer, 7 bis 14 % (besonders harte Bronze bis 18 %) Zinn und meist 2 bis 5 % Zink hergestellt.

Zinkzusatz zu Bronze ist mit einer Verringerung der Zähigkeit verbunden, welche indessen bis 2 % noch ganz gering ist und nur bei der zähesten Bronze in der für Geschütze verwendeten

Zusammensetzung (8 bis 10 % Zinn) sowie bei harter und zugleich möglichst wenig spröder Bronze vermieden wird. Der Zinkzusatz, welcher durch seine geringe färbende Kraft der Bronze eine schönere goldartige Farbe läßt, hat den großen Vorteil, daß er desoxydierend wirkt (vgl. später bei Phosphorbronze) und hierdurch auch die Blasenbildung verringert, ferner auch die besonders bei stärkerem Zinnzusatz vorhandene Neigung zum Seigern einschränkt sowie durch größere Dünnflüssigkeit der Legierung eine bessere Gießbarkeit und vollkommene Ausfüllung der Formen zur Folge hat. Immerhin besteht infolge der durch den wesentlich geringeren Preis des Zinks erzielbaren Ersparnis die Gefahr, daß der Zinkzusatz zu groß genommen wird und dann die Elastizitätseigenschaften der Bronze empfindlich verschlechtert.

Bleizusatz hat bereits in ganz geringen Mengen (½ %) Sprödigkeit zur Folge, andererseits den Vorteil, daß die Bronze infolge leichteren Abspringens und Abbrechens der Späne leichter bearbeitbar wird, und scheint außerdem bei stärkerem Zusatz (bis 8 und selbst 15 %) die Widerstandsfähigkeit gegen Abnutzung günstig zu beeinflussen.

Altmetallzusatz. Beim Bronzeguß findet wie bei allem Guß Altmetall reichliche Anwendung und wird von den Metallgießereien außer wegen der Kostenersparnis auch deshalb bevorzugt, weil dieses bereits legierte Material den Legiervorgang erleichtert. Wachenfeld gibt an, daß für höher beanspruchte Armaturen noch der Zusatz von 30 % gutem Bronzebruch bei einem gleich großen Zusatz von reinen Kupferspänen, für gewöhnliche Armaturen 60 % und für untergeordnete Gußstücke bis 90 % Bronzebruch zulässig ist. Bei dem immer mehr zunehmenden Aufkaufen von metallhaltigen Rückständen wie Werkstättenkehricht, gebrauchtem Gießereisand und dergl. zum Zwecke der Rückgewinnung mag wohl mancher Guß nur aus derart rückgewonnenem Altmaterial erzeugt sein. Auch Verunreinigungen von verwendetem Altkupfer oder minderwertigen Zinngattungen können sich unangenehm bemerkbar machen.

Wesentlich ist jedenfalls, daß das Altmetall sowie auch Eingußtrichter und sonstige Gießereiabfälle, die Verwendung finden, ihrer Zusammensetzung nach genau bekannt und nicht verunreinigt sind, für ausreichende Desoxydation gesorgt und der Änderung der Zusammensetzung infolge des stärkeren Abbrandes des Zinns (vgl. später) Rechnung getragen wird.

Oxydation. Nachdem sowohl Kupfer wie Zinn eine starke Verwandtschaft zu Sauerstoff haben, und ihre Oxydationsprodukte (Kupferoxydul und Zinnoxyd, die sogenannte Zinnsäure) schwer aus der Legierung auszuscheiden sind, liegt beinahe das wesentlichste Moment für die Güte der Bronze in ihrer Freiheit von Oxydationsprodukten.

Diese Verhältnisse sind von Heyn und Bauer eingehend erforscht worden. Da Zinn die stärkere Verwandtschaft zu Sauerstoff hat, wird unter allen Umständen das Zinn eher oxydiert, und erst wenn alles Zinn zu Zinnsäure oxydiert ist, kann in der Legierung außerdem auch Kupferoxydul vorhanden sein. Die sehr schwer schmelzbare Zinnsäure findet sich teils in Kristallen, häufiger jedoch in dünnen Häuten und Fäden, welche in der Legierung nur außerordentlich schwer aufsteigen und ihr einen dickflüssigen Charakter geben. Die Zinnsäure läßt sich deshalb überhaupt kaum entfernen und nur durch solche Desoxydationsmittel zerstören, welche die ganze Masse der flüssigen Legierung durchdringen.

Bemerkenswert ist, daß nach den Untersuchungen von Heyn und Bauer auch das Schmelzen unter einer Schichte von Holzkohlen hiergegen keinen vollständigen Schutz gewährt, da unter Umständen bereits die zwischen den einzuschmelzenden Stücken befindliche Luft zur Bildung von Zinnsäure genügt, und die reduzierende Wirkung der Holzkohle sich nicht auf das Innere der Schmelze erstreckt.

Durch das Vorstehende erklärt sich die bekannte Tatsache, daß Bronze durch Umschmelzen dickflüssiger wird und leicht in ihren mechanischen Eigenschaften leidet, insbesondere Sprödigkeit annimmt, wenn nicht für Desoxydation gesorgt wird. Außer den Desoxydationsmitteln verwendet man mitunter noch sogenannte Reinigungsmittel, das sind pulverförmige Massen, die die Wirkung haben sollen, die Verunreinigungen mit sich an die Oberfläche zu reißen; bei beiden hängt die Wirkung sehr von der richtigen Anwendungsweise ab.

Phosphorbronze. Ein einfaches und wirksames Desoxydationsmittel, das sich vollkommen mit der flüssigen Legierung mischt, ist Phosphor, der in der Regel als Phosphorkupfer, seltener als Phosphorzinn zugesetzt wird und die Zinnsäure unter Bildung von phosphorsaurem Zinnoxydul auflöst. Phosphorkupfer kommt in einer 9 proz. härteren und einer ca. 15 proz. mehr bröckligen Type in den Handel, und zwar zur Erleichterung des Abbrechens in Form von eingekerbten Platten nach Art der Schokoladetafeln und hat einen verhältnismäßig nicht viel höheren Preis als reines Kupfer. Zur Desoxydierung genügt ein geringer Zusatz (etwa 0,1 bis 0,3 % reinem Phosphor entsprechend), aber nur so viel, als für die Desoxydierung erforderlich ist. Die Bezeichnung Phosphorbronze ist deshalb eigentlich unrichtig, da in der fertigen Bronze kein Phosphor mehr enthalten sein soll; ein Phosphorgehalt von mehr als etwa 0,1 % hätte auch bereits Sprödigkeit zur Folge und ist nur in solchen Fällen zulässig, in welchen die härtende Wirkung des Phosphorzusatzes möglichst gesteigert werden soll und die hiermit bereits verbundene Sprödigkeit noch nicht schädlich ist, wie z. B. bei Spurlinsen.

Phosphorzusatz verbessert bereits in dem erwähnten geringen Maß die Eigenschaften der Bronze außerordentlich. Die Festigkeit steigt wesentlich, ohne daß hiermit, solange noch kein nennenswerter Phosphorgehalt zurückbleibt, eine Einbuße an Zähigkeit verbunden ist; ebenso steigt die Härte sowie die Widerstandsfähigkeit gegen Abnutzung und gegen chemische Einwirkung. Ein weiterer Vorteil ist die größere Dünnflüssigkeit sowie besonders auch der Umstand, daß die Legierung rasch erstarrt, ohne vorher dickflüssig zu werden. Mit Phosphorzusatz erzeugte Bronze zeigt auch in flüssigem Zustand keine Oxydhaut, sondern eine blanke spiegelnde Oberfläche, und Künzel, dessen schon lange zurückliegenden Untersuchungen und Erfahrungen die Einbürgerung des Phosphorzusatzes hauptsächlich zu verdanken ist, empfiehlt deshalb, keine bestimmte Phosphorkupfermenge zu verwenden, sondern so lange zuzusetzen, bis sich Leichtflüssigkeit und spiegelnde Oberfläche einstellen.

Gegen die Verwendung von Phosphor wird die Giftigkeit der Phosphordämpfe angeführt, ein Einwand, der gewiß Beachtung verdient, da Abhilfe dagegen wohl leicht durchzuführen, aber schwer allgemein einzubürgern ist.

Manganbronze. Ähnliche Wirkungen wie Phosphor hat auch der Zusatz von Mangan. Hierbei ist zur Desoxydation ein etwas größerer Zusatz (3 bis 6 %) erforderlich, es hat aber auch ein Überschuß über die zur Desoxydation erforderlichen Mengen noch keine schädliche Wirkung, wie dies bei Phosphor der Fall ist, kann vielmehr zum vollständigen oder teilweisen Ersatz des Zinns in der Bronze dienen. Manganbronzen sind durch ihre hellere Farbe, die bei stärkerem Mangangehalt im Bruch in Grau übergeht, kenntlich, sie werden wegen ihrer Widerstandsfähigkeit gegen Korrosion in ausgedehntem Maß für Schiffsschrauben und Dampfturbinenschaufeln, ferner auch für Automobilbestandteile verwendet

Aluminiumbronze. Aluminium hat in der Legierung mit Kupfer ebenfalls ähnliche, und zwar stärkere Wirkungen wie ein Zinnzusatz. Es zerstört auch wie Phosphor und Mangan das im Kupfer enthaltene Kupferoxydul unter Bildung von Aluminiumoxyd. Letzteres kann sich auch bei Berührung der flüssigen Aluminiumbronze mit der Luft bilden und durch Zurückbleiben im Metall Fehlstellen bilden. Aluminiumbronzen pflegen mit Aluminiumgehalten von 3 bis 10 %, meist zwischen 5 und 10 % erzeugt zu werden und ergeben in dieser Zusammensetzung Festigkeit von 45 bis 50 kg/qmm bei hoher Dehnung. Sie sind hart, polierfähig, walz- und schmiedbar, wodurch ihre Eigenschaften sehr verbessert werden können, widerstandsfähig gegen Meerwasser und die meisten chemischen Reagenzien, dagegen empfindlicher gegen atmosphärische Einflüsse. Ein Übelstand ist das starke Schwinden beim Erstarren, welches leicht zur Bildung von Hohlräumen und unganzem Guß sowie zur Enstehung von Gußspannungen führen kann. Das spezifische Gewicht ist durch den verhältnismäßig geringen Aluminiumzusatz nur unwesentlich herabgedrückt.

Spezialbronzen. Außer den bereits angeführten werden neuerdings, um den gesteigerten Bedürfnissen der Technik zu genügen, immer mehr hochwertige Legierungen erzeugt, die durch besondere Zusätze, Mischungsverhältnisse oder Erzeugungsverfahren eine höhere Festigkeit bei gleichzeitig hoher Dehnung besitzen. Diese Legierungen pflegen als Spezialbronzen bezeichnet zu werden. Ein großer Teil derselben ist jedoch als wenig oder gar kein Zinn enthaltend vermöge eines hohen Zinkgehaltes richtiger als Messing zu bezeichnen. Einige derartige Legierungen sind S. 85/86 angeführt.

Über Zusammensetzung und Eigenschaften der meisten

Spezialbronzen sind zuverlässige Daten schwer zu beschaffen. Von einer Wiedergabe der in Reklameschriften enthaltenen Angaben soll als zu wenig verläßlich hier abgesehen werden.

Einfluß des Schmelzens und Gießens. Bei Bronze soll im allgemeinen das Schmelzen wegen Gefahr der Sauerstoffaufnahme nicht zu lange dauern. Rasche Abkühlung, also Guß in Metallformen oder mit an geeigneter Stelle in die Sandformen eingelegten Metallformen, gibt wegen der Vermeidung von Seigerungen und der Bildung kleinerer Kristalle im allgemeinen bessere Resultate. Bezüglich der Hilfsmittel zur Vermeidung der Entstehung von Hohlräumen (Aufgüsse und Querschnittsübergänge) gilt das bei Eisenguß Gesagte.

Das Erstarren der Bronze erfolgt nach den Untersuchungen von Heyn und Bauer durch tannenbaumartiges Auskristallisieren kupferreicher Mischkristalle („Kristallskelette"), zwischen deren Zweigen sich dann die später erstarrenden, wieder tannenbaumförmig auskristallisierenden zinnreicheren Mischkristalle gewissermaßen untereinander verfilzen. Je langsamer die Abkühlung erfolgt, desto größer sind die Zwischenräume zwischen den zuerst erstarrenden Kristallskeletten, und desto größer ist der Unterschied der Zusammensetzung zwischen den zuletzt erstarrenden zinnreichsten und den zuerst erstarrenden zinnärmsten Kristallen.

Diese besondere Art der Erstarrung bringt es mit sich, daß bei langsam erstarrter Bronze der Bruch große graue oder bronzefarbene Flecken zeigt, je nachdem er längs zinn- oder kupferreicher Äste verläuft. Wenn auch diese Ungleichmäßigkeit nicht so groß ist, wie es nach dem Bruchaussehen den Anschein hat, so ist dies doch kein widerstandsfähiges Gefüge, und es kann auch leicht vorkommen, daß an den zuletzt erstarrenden Stellen Hohlräume bleiben.

Daß rasch erstarrte Bronze wesentlich fester und härter ist als langsam erstarrte, ist nach dem Vorstehenden einleuchtend. Auch sonst sind Bronzen sowie Eisen und Stahl durch geeignete Wärmebehandlung sehr verbesserungsfähig.

Festigkeitseigenschaften. Die Festigkeit der üblichen Maschinenbronzen beträgt meist zwischen 20 und 25 kg/qmm bei Dehnungen von etwa 6 bis 20 % und bei guten Bronzen noch wesentlich mehr; bei Phosphorbronze ist die Festigkeit bei gleichen Dehnungen bis ein Drittel höher. Bei Guß in Metallformen kann sowohl Festigkeit wie Dehnung sehr gesteigert werden. Bei Spezialbronzen können noch viel höhere Festigkeitswerte bis 50 und 60 kg/qmm bei Dehnungswerten von 15, bis 20 % und mehr, nach Verbesserung durch Wärmebehandlung, Schmieden oder Ziehen auch bis 70 und 80 kg/qmm Festigkeit und auch noch mehr erreicht werden.

Proben. Von Proben mit Bronze, welche meist nur von den Marineverwaltungen verlangt werden, gilt das bei Gußeisen Gesagte. Der Wert der dadurch gegebenen Kontrolle ist — mit Rücksicht auf die stärkere Wirkung fehlerhafter Herstellung, die geringere Wandstärke und den hohen Preis — eigentlich noch höher anzuschlagen als bei Gußeisen. Für die Herstellung der Proben gilt ebenfalls das bei Gußeisen Gesagte, mit dem Unterschied, daß hierfür bei Bronze keine anerkannten Vorschriften bestehen. Seitens der Gießereien wird das getrennte Gießen der Proben vorgezogen, doch ist vom Standpunkte des Abnehmers das Angießen am Gebrauchsstück unbedingt vorzuziehen, da nach dem Vorgesagten die kleinste Verschiedenheit in den Gußbedingungen (besonders natürlich Metall- gegen Sandformen) einen sehr großen Unterschied in den Festigkeitseigenschaften zwischen Probestück und Gebrauchsstück zur Folge haben kann.

Außer Zerreißproben werden vereinzelt auch Biegeproben vorgeschrieben.

Verwendungsgebiet der Bronze. Im Kessel- und Maschinenbau wird Bronze bekanntlich für Stücke verwendet, die dem Rosten oder starkem Verschleiß ausgesetzt sind, zum Teil auch für gegossene Stücke mit geringerer Wandstärke. Ein reiches Anwendungsgebiet ergibt sich mit Rücksicht auf die Widerstandsfähigkeit gegen Seewasser im Schiff- und Schiffsmaschinenbau. Die Vervollkommnung der Spezialbronzen erweitert diese Anwendungsgebiete in vieler Hinsicht. Für die Verwendung zu Armaturen lassen die Normalien des Vereins deutscher Ingenieure zu Rohrleitungen für Dampf von hoher Spannung (vgl. bei Gußeisen, S. 23/24) Bronze unter folgenden Einschränkungen zu:

„Für Ventilkörper und Formstücke ist bei Temperaturen bis 220° C gewöhnliche Bronze zulässig, vorausgesetzt, daß sie bei Zimmertemperaturen eine Zugfestigkeit von mindestens

2000 kg/qcm (20 kg/qmm) bei wenigstens 15 % Dehnung besitze.

Soll bei Verwendung von Legierungen über 220° C hinausgegangen werden, so ist vorher die Ermittlung der Festigkeitseigenschaften für die in Betracht kommenden höheren Temperaturen geboten."

Zu letzterem Punkt gilt zum Teil das bei Kupfer Gesagte. Festigkeitsversuche bei höheren Temperaturen haben danach nur dann wirklichen Wert, wenn die Belastung bei dieser erhöhten Temperatur längere Zeit, d. i. viele Stunden, einwirkt. Im allgemeinen ist bei der Erzeugung wärmebeständiger Legierungen die wünschenswerte Vollkommenheit noch nicht erreicht.

Messing. Messing ist eine Kupfer-Zink-Legierung von 60 bis 70 % Kupfer mit 30—40 % Zinkgehalt, welche bedeutend weniger seigert, dagegen stärker lunkert als Bronze. Messing kommt im Maschinenbau hauptsächlich als Guß für untergeordnete Armaturen, Handgriffe, Beschläge und dergl., neuerdings auch in der elektrotechnischen Industrie und im Apparatebau für verschiedene kleinere gewalzte und geschmiedete Teile, insbesondere für kleine Schrauben in Betracht, und zwar immer mehr als Spezialmessingsorten (vgl. S. 85), welche von den unangenehmen Eigenschaften des Messings, wie Zersetzung an der Luft und dergl., frei sind. Eine spezielle Anwendungsform sind kaltgezogene Stangen für Schrauben und Spindeln und Rohre für Oberflächenkondensatoren, Vorwärmer und dergl. Messing ist in dieser Form besonders empfindlich gegen die auf S. 12 besprochenen Folgen einer zu weit gehenden Bearbeitung in kaltem Zustand. Diese Folgen kommen, wie schon erwähnt, oft erst lange nach der Erzeugung zum Vorschein und können durch eine ganz geringfügige Ätzwirkung, unter Umständen nur durch die korrosive Wirkung von Flüssigkeiten oder Dämpfen (Patronenhülsen werden zu diesem Zwecke absichtlich zur Erprobung Ammoniakdämpfen ausgesetzt) ausgelöst werden.

Bleizusatz hat ähnliche Wirkung wie bei Bronze und wird zur Erhöhung der Bearbeitbarkeit bei Stangenmessing, welches zur Herstellung von kleinen Schrauben auf Automaten Verwendung findet, regelmäßig gegeben. Wie aus Bohrversuchen (vgl. S. 22/23) von Heyn hervorgeht, wird durch Zusatz von

½ % Blei die Bearbeitungsfähigkeit von gegossenem Messing auf das Dreifache erhöht.

Schmiedbares Messing. Durch einen Eisenzusatz von nur 1 bis 2 %, unter Umständen noch weniger, wird Messing innerhalb bestimmter Zusammensetzungsgrenzen gut schmied- und walzbar und erlangt eine größere Härte und Widerstandsfähigkeit gegen chemische Einflüsse, insbesondere gegen Seewasser. Derartige ältere nach ihren Erfindern benannte Legierungen sind das Aichmetall und das Muntzmetall, von welchen bei letzterem angeblich dadurch ein besonders dichtes und gleichmäßiges Gefüge erreicht werden soll, daß während des Legierens Bruchproben genommen und auf Grund derselben der Zinkzusatz nach Bedarf vermehrt wird. Muntzmetall findet insbesondere im Schiffbau mehrfach Verwendung. Legierungen mit $1^1/_2$ bis $4^1/_2$ % Eisenzusatz bei 55—60 % Kupfer- und 38—40 % Zinkgehalt sind unter dem Namen Sterrometall bekannt, erlangen durch Walzen und Schmieden große Festigkeit und Zähigkeit und sind zur Herstellung von nicht rostenden Ventil- und Schieberspindeln und dergl. geeignet. Diese Legierungen sind eigentlich bereits als Spezialmessingsorten anzusehen.

Deltametall. Eine der ältesten hochwertigen Legierungen ist das von Dick in Düsseldorf erfundene und dargestellte Deltametall, eine Legierung von Kupfer und Zink in ungefähr demselben Verhältnis wie Messing mit einem Zusatz von ungefähr je 1 % Eisen und Mangan und von etwas Blei. Bei der Herstellung von Deltametall wird die Schwierigkeit der ungleichmäßigen Legierung des Eisens mit Kupfer und Zink dadurch umgangen, daß zuerst durch Auflösen von Eisen in geschmolzenem Zink eine Eisen-Zink-Legierung hergestellt und diese mit den übrigen Metallen legiert wird. Deltametall läßt sich gut gießen, schmieden und walzen und auch flüssig in profilierte Stangen pressen, ein Vorgang, der zuerst bei Deltametall angewendet wurde, seitdem aber auch bei anderen Spezialmessingsorten Anwendung findet. Bei Deltametall können in geschmiedetem Zustand Festigkeiten bis zu 80 kg/qmm erreicht werden, es hat sich in vielen Verwendungen gut bewährt.

Rübelbronze. Rübelbronze ist eine ebenfalls nach ihrem Erfinder benannte Kupfer-Eisen-Nickel-Aluminium-Legierung. Als wesentlichstes Merkmal der Rübelbronze, welche in mehreren Zusammensetzungen erzeugt wird, wird angegeben, daß die Metalle — ohne daß es sich um chemische Verbindung handelt — nach Atomgewichtsverhältnissen gemischt sind; sie wird ebenfalls mit einer Vorlegierung hergestellt. Rübelbronze ist walz- und schmiedbar und soll Widerstandsfähigkeit gegen höhere Temperaturen besitzen. Gegossene Rübelbronze hat nach Versuchen von J. Thürridl-Wien eine Festigkeit von über 54 kg/qmm und eine Dehnung von über 14%; die Kontraktion fällt hierbei, da sich die Zusammenziehung über die ganze Länge verteilt ziemlich niedrig aus. In Form von starkwandigen nahtlos gewalzten Rohren wird Rübelbronze neuerdings viel zu Lagerbüchsen verwendet.

Monelmetall. Seit einigen Jahren wird von Amerika aus unter dem Namen Monelmetall eine neue Kupfer-Nickel-Legierung in den Handel gebracht, und zwar in 2 Typen, die eine aus je 50 % Kupfer und Nickel, die andere aus 30—35 % Kupfer und 65—70 % Nickel bestehend. Monelmetall ist angeblich aus nickelhaltigen Kupfererzen erzeugt und deshalb, da die getrennte Gewinnung der beiden Metalle entfällt, in Amerika billiger als Kupfer — in Europa ist allerdings der Preis wesentlich höher als der des Kupfers. Monelmetall soll bei erhöhten Temperaturen sehr günstige Eigenschaften zeigen, was zunächst nur durch Laboratoriumsversuche erwiesen ist. Es hat eine silberweiße Farbe und wird vorwiegend in gewalztem Zustande verwendet.

Für die 50 proz. Type werden 43 kg/qmm Festigkeit, 15 kg/qmm Streckgrenze, 30% Dehnung und 45% Kontraktion, für die zweite Type 47 kg/qmm Festigkeit, 18 kg/qmm Streckgrenze, 30% Dehnung und 55% Kontraktion garantiert.

Weißmetall. Zum Ausgießen von Lagerschalen wird unter dem Namen Weißmetall eine Legierung von Kupfer (5—10 %). Antimon (10—15 %) und Zinn (70—85 %), auch Komposition, Antifriktionsmetall und dergl. genannt, verwendet, von der wegen des verschiedenen Schmelzpunktes der zu legierenden Metalle zuerst eine zinnfreie oder zinnärmere Vorlegierung und aus dieser erst durch Zinnzusatz die endgültige Legierung hergestellt wird. Weißmetall hat seines niedrigen Schmelzpunktes halber den Vorzug, daß der Ausguß der Lagerschale sehr leicht erneuert werden kann, und gibt durch seine geringe Härte die Möglichkeit, daß sich das Lager sehr vollkommen an den Zapfen anpaßt. Bei den billigeren Weißmetallgattungen, welche mit sehr starkem Bleizusatz hergestellt werden (wegen des größeren spezifischen Gewichtes von Blei erscheint der Preisunterschied dem Gewicht nach noch größer), und welche sich oft wenig mehr von Hartblei (Blei mit Antimonzusatz) unterscheiden, kann in ganz einfachen Fällen (beispielsweise Lastwagenlager) sogar das Ausdrehen der ausgegossenen Lagerschale entfallen, da der Zapfen die Anpassung der Lagerschale an seine Form selbst besorgt; im eigentlichen Maschinenbau wird auf das genaue Eintouchieren der Zapfen in die Lager auch bei diesen Legierungen die gleiche Sorgfalt zu verwenden sein wie bei anderen. Je höher der Kupfer- und Antimongehalt ist, desto härter wird das Weißmetall. Weißmetall kann, wenn sorgfältig vorgegangen wird, wiederholt eingeschmolzen werden, ohne daß eine Verschlechterung eintritt.

Nach neueren Untersuchungen von Heyn und Bauer wird Weißmetall ebenso wie andere Legierungen sehr wesentlich durch den Gußvorgang beeinflußt und nimmt bei rascher Abkühlung ein feineres dichteres Gefüge und größere Härte an, bis zu doppelt so großer Härte als bei langsamerer Abkühlung. Hierin liegt ein Mittel, die Härte eines Weißmetall-Lagerausgusses wesentlich zu erhöhen, wenn auch wegen der Gefahr einer Ablösung des Weißmetallausgusses von der Lagerschale eine gewisse Vorsicht am Platz ist.

Leichte Legierungen. Die Erzeugung leichter Legierungen mit Aluminium hat neuerdings durch die Bedürfnisse der Automobil- und besonders der Flugtechnik Bedeutung gewonnen. Die Zusätze zum Aluminium sollen sowohl die Festigkeit als auch die ungenügende Bearbeitungsfähigkeit verbessern.

Verläßliche Angaben über derartige Legierungen sind wegen der Geheimhaltung der Erzeugungsverfahren schwer zu erhalten. Die Festigkeitsziffern, welche man angegeben findet, beziehen sich vielfach auf dünne Bleche, welche durch das Auswalzen auf schwachen Querschnitt eine wesentliche Verbesserung erfahren haben, die stärkeren Stücken nicht zukommt. Besondere Beachtung erfordert auch bei aluminiumreichen Legierungen die Beständigkeit gegenüber atmosphärischen und sonstigen chemischen Einflüssen, insbesondere nach Vorbehandlung (vgl. S. 12 und 13), in welchem Zustand Aluminium nach Beobachtungen von Heyn und Bauer besonders empfindlich ist.

Eine derartige Legierung ist das von Dr. Ludwig Mach erfundene Magnalium, welches aus 98 bis 70 Teilen Aluminium und 2 bis 30 Teilen Magnesium besteht. Da Magnesium ein noch geringeres spezifisches Gewicht (1,74) besitzt als Aluminium (2,68), ist auch das spezifische Gewicht des Magnaliums sehr gering. Magnalium soll sich nach den vorliegenden Patentschriften sehr gut bearbeiten, kalt schmieden, walzen und ziehen und durch Wärmebehandlung verbessern lassen, findet jedoch meist Verwendung zu Gußstücken, so außer in der optischen Industrie auch im Automobilbau für Kurbelwellenlagergehäuse, die sog. Carter, und dergl.

In vielen Fällen sind als Magnalium bezeichnete Stücke Aluminiumguß mit einem Zusatz von einigen Prozent Kupfer, mitunter auch anderen Zusätzen. Derartiger Guß, bei dessen Herstellung das hohe Schwindmaß des Aluminiums eine Schwierigkeit bildet, wird neuerdings für Automobil- und Flugzeugbau in großen Mengen erzeugt und mit garantierten Festigkeitswerten von mindestens 18 oder 20 kg/qmm und Dehnungswerten von mindestens 2% (bei geringerer Festigkeit können höhere Dehnungswerte erreicht werden), bei einem spezifischen Gewicht von etwa 3, geliefert.

Eine erst seit kurzem eingeführte leichte Legierung ist das Duralumin, d. i. Aluminium mit einem Zusatz von 3,5 bis 5,5 % Kupfer und etwa je ½ % Magnesium und Mangan, mit einem spezifischen Gewicht von weniger als 3. Es wird in geschmiedetem oder gewalztem Zustand verwendet, soll im Urzustand (geglüht) eine Festigkeit von 27 kg/qmm bei einer Dehnung von 17% besitzen und wird durch Wärmebehandlung je nach Bedarf auf höhere Festigkeit und Dehnung gebracht; durch darauffolgendes Kaltwalzen soll eine weitere Erhöhung der Festigkeit bis zu 62 kg/qmm bei einer Dehnung von 3 % erreichbar sein. Bei Weiterverarbeitung eines derartig vergüteten Materials ist natürlich eine gewisse Vorsicht am Platz, damit nicht die durch die Vergütung erlangten Eigenschaften wieder aufgehoben werden.

Benutzte Literatur.

Handbuch der Materialienkunde füı den Maschinenbau. Von Dr.-Ing. A. Martens. Zweiter Teil. Die technisch wichtigsten Eigenschaften der Metalle und Legierungen Von E. Heyn. Hälfte A. Die wissenschaftlichen Grundlagen für das Studium deı Metalle und Legierungen. Metallographie. Berlin, Verlag von Julius Springer, 1912.

Die Maschinen-Elemente, ihre Berechnung und Konstruktion mit Rücksicht auf die neueren Versuche Von C. Bach. 11. Auflage. Leipzig. Verlag von Alfred Kröner, 1913.

Metallographie. Von Prof. E. Heyn und Prof. O. Bauer. Berlin und Leipzig, G. J. Göschensche Verlagshandlung, 1913. (Neudruck.)

Das Härten des Stahles in Theorie und Praxis. Von Fridolin Reiser. 6. Auflage. Leipzig, Verlag von Artur Felix, 1913.

Gemeinfaßliche Darstellung des Eisenhüttenwesens. Herausgegeben vom Verein deutscher Eisenhüttenleute. 8. Auflage. Düsseldorf, Verlag Stahleisen, 1912.

Handbuch der Eisen- und Stahlgießerei. Herausgegeben von Dr.-Ing. C. Geiger. Erster Band: Grundlagen. Berlin, Verlag von Julius Springer, 1912.

Die Metall- und Eisengießerei mit besonderer Berücksichtigung der Legierungen und Gattierungen für den Maschinenbau. Von Hugo Wachenfeld. Halle a. S., Verlag von Wilhelm Knapp, 1911.

Die Legierungen in ihrer Anwendung für gewerbliche Zwecke. Von A. Ledebur. 4. neu bearbeitete und erweiterte Auflage, bearbeitet und herausgegeben von O. Bauer. Berlin, Verlag von M. Krayn, 1913.

Die Legierungen. Handbuch für Praktiker. Von A. Krupp. 3. Auflage. Wien und Leipzig, A. Hartlebens Verlag, 1909.

Drucksachen des Deutschen Verbandes für die Materialprüfungen der Technik.

Glasers Annalen für Gewerbe und Bauwesen.

Journal of the Iron and Steel Institute.

Mitteilungen aus dem Kgl. Materialprüfungsamt zu Groß-Lichterfelde.

Mitteilungen des Internationalen Verbandes für die Materialprüfungen der Technik.
Mitteilungen über Forschungsarbeiten, herausgegeben vom Verein Deutscher Ingenieur.
Proceedings of the American Society for Testing Materials.
Revue de Métallurgie.
Stahl und Eisen.
Verhandlungen des Vereins zur Beförderung des Gewerbefleißes in Preußen.
Werkstattstechnik.
Zeitschrift des Vereins Deutscher Ingenieure.

Druck der Universitäts-Buchdruckerei von Gustav Schade (Otto Francke), Berlin und Bernau.

Elastizität und Festigkeit. Die für die Technik wichtigsten Sätze und deren erfahrungsmäßige Grundlage. Von Dr.-Ing. **C. v. Bach,** Kgl. Württ. Baudirektor, Professor des Maschinen-Ingenieurwesens an der Kgl. Technischen Hochschule zu Stuttgart. Sechste, vermehrte Auflage. Unter Mitwirkung von **R. Baumann,** Professor an der Kgl. Technischen Hochschule zu Stuttgart. Mit in den Text gedruckten Abbildungen und 20 Tafeln in Lichtdruck.
In Leinwand gebunden Preis M. 20,—.

Festigkeitslehre nebst Aufgaben aus dem Maschinenbau und der Baukonstruktion. Ein Lehrbuch für Maschinenbauschulen und andere technische Lehranstalten sowie zum Selbstunterricht und für die Praxis. Von **Ernst Wehnert,** Ingenieur und Oberlehrer an der Städt. Gewerbe- und Maschinenbauschule in Leipzig.

I. Band: Einführung in die Festigkeitslehre. Zweite, verbesserte und vermehrte Auflage. Mit 247 Textfiguren.
In Leinwand gebunden Preis M. 6,—.

II. Band: Zusammengesetzte Festigkeitslehre. Mit 142 Textfiguren. In Leinwand gebunden Preis M. 7,—.

Aufgaben aus der technischen Mechanik. Von Professor **Ferdinand Wittenbauer,** Graz.

I. Band: Allgemeiner Teil. Dritte, vermehrte und verbesserte Auflage. 816 Aufgaben nebst Lösungen. Mit 610 Textfiguren.
In Leinwand gebunden Preis M. 6,40.

II. Band: Festigkeitslehre. Zweite, verbesserte Auflage. 591 Aufgaben nebst Lösungen und einer Formelsammlung. Mit 457 Textfiguren. Preis M. 6,—; in Leinwand gebunden M. 6,80.

III. Band: Flüssigkeiten und Gase. 504 Aufgaben nebst Lösungen und einer Formelsammlung. Mit 347 Textfiguren.
Preis M. 6,—; in Leinwand gebunden M. 6,80.

Ed. Autenrieth, Technische Mechanik. Ein Lehrbuch der Statik und Dynamik für Maschinen- und Bauingenieure. Zweite Auflage. Neu bearbeitet von Prof. Dr.-Ing. **Max Ensslin** in Stuttgart. Mit 297 Textfiguren. In Leinwand gebunden Preis M. 18,—.

Die Grundlagen der deutschen Material- und Bauvorschriften für Dampfkessel. Von **R. Baumann,** Professor an der Kgl. Technischen Hochschule Stuttgart. Mit einem Vorwort von Dr.-Ing. **C. v. Bach,** Kgl. Württ. Baudirektor, Professor des Maschineningenieurwesens an der Kgl. Technischen Hochschule Stuttgart, Vorstand des Ingenieurlaboratoriums und der Materialprüfungsanstalt an derselben. Mit 38 Textfiguren. Kartoniert Preis M. 2,80.

Hilfsbuch für den Maschinenbau. Für Maschinentechniker, sowie für den Unterricht an technischen Lehranstalten. Von Professor **Fr. Freytag.** Vierte, erweiterte und verbesserte Auflage. Mit 1108 Textfiguren, 10 Tafeln und einer Beilage für Österreich.
In Leinwand gebunden Preis M. 10,—; in Leder gebunden M. 12,—.

Taschenbuch für den Maschinenbau. Bearbeitet von hervorragenden Fachleuten und herausgegeben von Ing. **H. Dubbel,** Berlin. **1944** Seiten mit 2448 Textfiguren und 4 Tafeln. Zwei Teile.
In englisch Leinen gebunden in einem Bande Preis M. 16,—;
in zwei Bänden Preis M. 17,—.

GPSR Compliance

The European Union's (EU) General Product Safety Regulation (GPSR) is a set of rules that requires consumer products to be safe and our obligations to ensure this.

If you have any concerns about our products, you can contact us on ProductSafety@springernature.com

In case Publisher is established outside the EU, the EU authorized representative is:

Springer Nature Customer Service Center GmbH
Europaplatz 3
69115 Heidelberg, Germany

Batch number: 10682427

Printed by Printforce, the Netherlands